图 2-54　罗盘校准界面

图 2-55　罗盘校准中

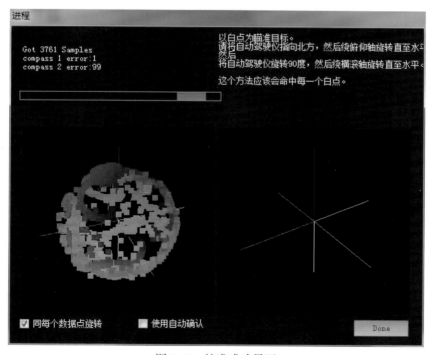

图 2-56　校准成功界面

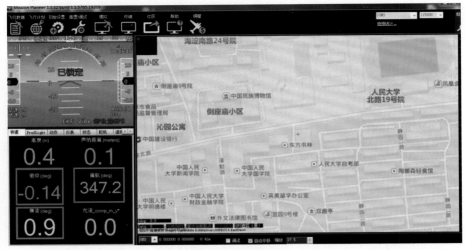

图 2-57　电子罗盘工作正常

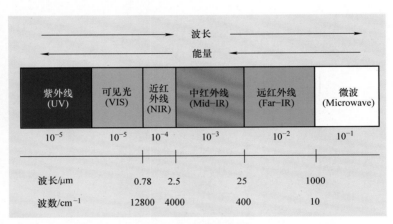

图 6-1　光谱分布图

图 6-9　海康威视 TBC–3117–3U 红外热成像仪

图 6-11   快速跟踪

图 6-12   高温跟踪

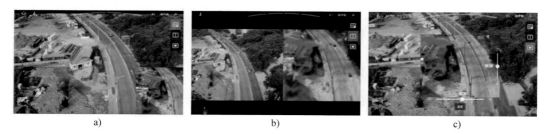

a)   b)   c)

图 6-13   画中画模式

——测温功能开关

——融合程度设置

图 6-14　融合显示

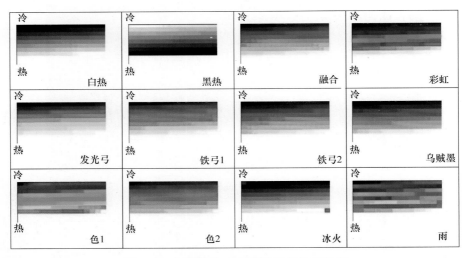

图 6-16　大疆禅思 XT 2 相机提供的调色板

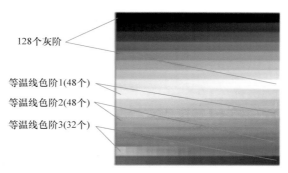

128个灰阶

等温线色阶1(48个)

等温线色阶2(48个)

等温线色阶3(32个)

图 6-17   白热等温线

a) 白热等温

b) 黑热等温

c) 熔岩等温

d) 彩虹等温

图 6-18   等温线对比图

图 6-19 搜人效果图

图 6-21 Thermo Vison A40M 红外热成像仪电力线路巡检热红外图像

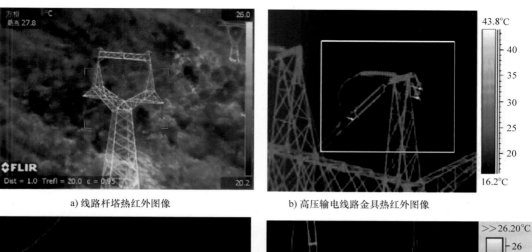

a) 线路杆塔热红外图像

b) 高压输电线路金具热红外图像

c) 输电线路绝缘子引流线热红外图像

d) 变压器出线接头热红外图像

图 6-24 无人机拍摄的输电线路热红外图像

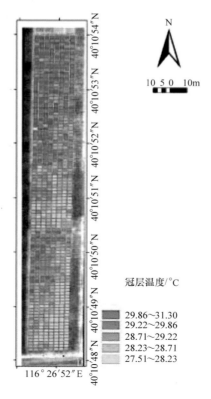

N

10 5 0 10m

冠层温度/℃

29.86~31.30
29.22~29.86
28.71~29.22
28.23~28.71
27.51~28.23

图 6-27 玉米冠层温度分布

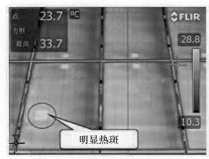

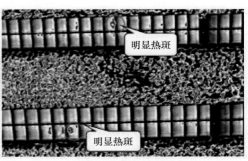

a) 手持红外热成像仪成像图   b) 无人机用红外热成像仪成像图

图 6-28   两种巡检方式下的热红外图像

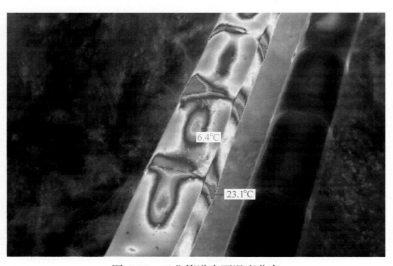

图 6-30   工业管道表面温度分布

职业教育无人机应用技术专业系列教材

江苏省高等学校重点教材（编号：2021－2－081）

无人机传感器与检测技术

主　　编　张鹏高

副主编　牛宗超　张明家

参　　编　丁剑峰　周忠振　丁伟业

主　　审　冯　秀

机械工业出版社

本书是国家职业教育无人机应用技术专业教学资源库配套用书，是"十四五"江苏省高等学校重点教材（编号2021-2-081）。本书贯彻《国家职业教育改革实施方案》精神，配套校企合作开发的信息化资源，采用项目引导、任务驱动的形式编写。

　　本书以无人机常用传感器的认知和应用为学习目标，基于项目和任务整合知识点和技能点，让学生在认识无人机常用传感器的基础上，会使用传感器模块对特定物理量进行检测。全书共分6个项目，分别为传感器认知、无人机飞行控制传感器认知与功能测试、图像传感器认知、超声传感器认知与测距实验、红外传感器认知与实验、红外热成像传感器认知与应用。

　　本书配套的信息化资源包括教学课件、教学图片、教学动画、教学视频、教学案例等，读者可登录 www.icve.com.cn 网站注册、学习。选择本书作为教材的教师可通过"职教云"平台直接引用全部课程资源。书中还嵌入了二维码，链接相关的学习资源，读者可通过扫描二维码进行学习。

　　本书可作为职业院校无人机应用技术专业教材，也可作为无人机职业培训和职业技能等级证书培训教材，还可作为相关技术人员的自学用书。

图书在版编目（CIP）数据

无人机传感器与检测技术/张鹏高主编. —北京：机械工业出版社，2022.9（2025.2 重印）

职业教育无人机应用技术专业系列教材

ISBN 978-7-111-71479-8

Ⅰ.①无… Ⅱ.①张… Ⅲ.①无人驾驶飞机-传感器-检测-高等职业教育-教材 Ⅳ.①V279

中国版本图书馆 CIP 数据核字（2022）第 154749 号

机械工业出版社（北京市百万庄大街22号　邮政编码100037）
策划编辑：王莉娜　　　　　　责任编辑：王莉娜
责任校对：潘　蕊　张　薇　封面设计：鞠　杨
责任印制：李　昂
河北宝昌佳彩印刷有限公司印刷
2025 年 2 月第 1 版第 5 次印刷
184mm×260mm·12.5 印张·4 插页·304 千字
标准书号：ISBN 978-7-111-71479-8
定价：45.00 元

电话服务　　　　　　　　　　网络服务
客服电话：010-88361066　　机　工　官　网：www.cmpbook.com
　　　　　010-88379833　　机　工　官　博：weibo.com/cmp1952
　　　　　010-68326294　　金　书　网：www.golden-book.com
封底无防伪标均为盗版　机工教育服务网：www.cmpedu.com

PREFACE
前言

  本书是国家职业教育无人机应用技术专业教学资源库配套用书，是"十四五"江苏省高等学校重点教材（编号 2021 – 2 – 081）。

  目前，职业院校无人机应用技术专业还未出版过关于无人机传感器技术方面的教材，大部分院校采用自编教材或企业培训课件组织教学，无法满足行业发展以及专业建设需要。为了深入贯彻落实《国家职业教育改革实施方案》等文件精神，为满足无人机产业迅速发展对职业院校专业和课程建设的需求，机械工业出版社于 2021 年 5 月 28—30 日在南京组织召开了无人机职业教育教学资源建设委员会 2021 年工作会议。在会上，来自全国无人机应用技术专业的骨干教师、企业专家研讨了新形势下，该专业课程体系以及教材和资源建设的原则、方法、内容等，本书编写团队汇报了《无人机传感器与检测技术》教材的建设思路、建设情况及配套资源开发情况，与会专家针对教材及配套资源提出了不少宝贵的意见和建议。

  本书编写团队根据教育部最新的教学改革要求，结合无人机应用技术专业人才培养目标和行业、企业用人单位需求，与会专家的宝贵意见和建议，以及专业建设和课程改革实践成果，以培养技能应用型人才为目标，与企业合作，采用项目引导、任务驱动的形式编写了本书。

  本书主要体现了以下特色。

  1. 教学中以学生为主体，强调学生的实际动手能力培养，让学生在解决实际问题中去查找、去学习、去记忆，真正做到"学中做、做中学、做中记"。

  2. 每个项目以项目引入开篇，分别以港珠澳大桥上使用的传感器、国产大型飞机C919、天问一号探测器拍摄的火星影像等为背景引入任务内容，既增加趣味性，又激发了学生的民族自豪感和求知欲。

  3. 每个项目都设置有学习目标，并细分为素质目标、知识目标和能力目标，从三个维度明确了学生要达到的目标和要求，任务评价环节不但考评学生的专业知识和专业能力，还对职业素养进行评价，以促进培养以工匠精神为主的核心素养。

  4. 每个任务均按照"任务描述"→"任务实施"→"知识链接"→"任务评价"→"知识拓展"的任务驱动方式进行编写，以提高学生的综合职业能力。

  5. 每个项目后附有形式丰富的思考与练习题，并配套习题答案，帮助教师及时检验学生的理论学习情况。

6. 配套101个二维码，链接了操作视频、动画、实操程序等，帮助学生更好地理解和掌握相关理论知识和实际操作过程。

本书项目一、项目三、项目四、项目五的内容和配套信息化资源由南京科技职业学院张鹏高和南京御龙航空科技有限责任公司丁剑峰共同完成，项目二的内容和配套信息化资源由南京科技职业学院牛宗超和南京御龙航空科技有限责任公司周忠振共同完成，项目六的内容和配套信息化资源由南京科技职业学院张明家和南京御龙航空科技有限责任公司丁伟业共同完成。全书由张鹏高统稿，冯秀主审。在本书编写和配套信息化资源开发过程中参考了相关文献资料，还得到了南京科技职业学院郭燕、钱丹浩、叶百胜、刘虹羚等人的大力支持，在此一并表示感谢。

限于编者的水平，书中疏漏和不妥之处在所难免，恳请广大读者批评指正。

编　者

二维码索引

（续）

序号	名称	图形	页码	序号	名称	图形	页码
11	温度漂移		16	18	绝对误差		21
12	传感器的动态特性		16	19	相对误差		21
13	阶跃响应特性		16	20	误差的分类		22
14	由弹簧阻力器组成的机械压力传感器		17	21	PixHawk 飞控加速度传感器校准		31
15	测量误差的概念		19	22	电位器式加速度传感器的种类及特点		35
16	误差和错误		21	23	直线位移电位器式传感器		36
17	误差的表示方法		21	24	电位器式角度传感器		36

（续）

序号	名称	图形	页码	序号	名称	图形	页码
25	电位器式加速度传感器		37	32	差动式电容加速度传感器		49
26	应变式加速度传感器		38	33	三明治式电容式MEMS加速度传感器		50
27	电阻的应变效应		40	34	压电效应		51
28	压阻效应		45	35	压电效应的可逆性		51
29	压阻式加速度传感器		46	36	压电材料		51
30	电容式加速度传感器		47	37	晶片制作		52
31	电容式加速度传感器工程应用		49	38	石英晶体压电模型		53

（续）

序号	名称	图形	页码	序号	名称	图形	页码
39	压电陶瓷的极化		54	46	伺服式加速度传感器		60
40	压电式传感器等效电路		56	47	伺服式加速度传感器的工作原理		60
41	压电式传感器测量电路		56	48	PixHawk 飞控陀螺仪功能测试		62
42	压电式加速度传感器		59	49	传统陀螺仪		64
43	压电式加速度传感器的工作原理		59	50	微机械陀螺仪		66
44	正压电效应		60	51	PixHawk 飞控电子罗盘校准		68
45	逆压电效应		60	52	气压式高度表原理图		80

（续）

（续）

序号	名称	图形	页码	序号	名称	图形	页码
67	超声波		118	74	超声波的传播速度与衰减		120
68	超声波的反射与折射		119	75	压电式超声探头的工作原理		122
69	超声波的波型		119	76	压电式超声探头		122
70	纵波		119	77	超声传感器模块测距实验		124
71	横波		119	78	无人机用超声传感器		127
72	纵波探伤		119	79	空气传导型超声波发射器和接收器		127
73	表面波探伤		119	80	超声传感器测距原理		128

（续）

（续）

序号	名称	图形	页码	序号	名称	图形	页码
95	热成像技术		156	99	红外热成像仪的应用场景		158
96	热成像系统的组成		157	100	红外成像的优势		158
97	热成像仪的工作过程		157	101	光机扫描器原理		159
98	红外热成像仪的工作原理		158				

CONTENTS
目 录

CONTENTS

项目一
传感器认知

项目导入

港珠澳大桥背后的传感器黑科技

港珠澳大桥于 2009 年 12 月 15 日动工建设，2017 年 7 月 7 日实现主体工程全线贯通，2018 年 10 月 24 日上午 9 时开通运营。港珠澳大桥的建设创下了多项世界之最，是我国综合国力、自主创新能力的集中展示，体现了我国逢山开路、遇水架桥的奋斗精神，体现了我国勇创世界一流的民族志气。港珠澳大桥建成通车，进一步坚定了我们的中国特色社会主义道路自信、理论自信、制度自信、文化自信。

港珠澳大桥筹备 6 年，建设 9 年，足足历时 15 年。它的建成有很多的黑科技在背后支撑，其中先进的传感器技术是实现和保证港珠澳大桥正常运营和安全的基础之一。

据了解，混凝土沉管安装到海底基槽中后，这些沉管就像海底的大钟摆，极深的海水又导致了沉管运动的超低频，这给管节的对接造成了巨大困难。为了顺利实现海底混凝土沉管深水管节的顺利对接，需要精确测量沉管在左右、上下以及倾角方向上的摆幅。我国研制出的用于监测深水长周期管节运动姿态的超低频、微小振幅的高精度倾角传感器，顺利解决了此问题。它是国内最先进的微机械陀螺和高精度倾角传感器。

在大桥的建设过程中，受地理地形所限，拱北隧道采用的是曲线管幕施工技术。因为隧道有一段不是直的，超大曲线管幕施工难度很大。在进行大桥贯通时，如何实现对港珠澳大桥连接线的控制和对接成为了当时的"特级难题"。为此，我国研制成功了高精度陀螺仪，才顺利实现了曲直线的精准对接。

在大桥建设过程中，我国自主开发了由激光传感器组成的三维可视化测量系统，可进行隧道的开挖断面测量、船舶抛锚定位和多波束测量显示水下三维地形图等，这项技术在全球处于领先地位。

由于珠海、澳门和香港为沿海地区，每年都会遇到各式各样的台风。在遇到大风时，桥梁的安全监测至关重要。据悉，珠港澳大桥上安装有很多的液压测力传感器、力矩传感器、重力传感器等，它们将监测数据发送到监控系统，实时对桥梁运行状况进行精准监测。

除了以上列举的四大技术难度颇高的传感器，在港珠澳大桥上还设置了各式各样的传感器，用它们对隧道内的风速、温度、湿度、压力、气压差，以及二氧化碳、氮氧化物和微颗粒的浓度等参数进行实时监测。据粗略统计，港珠澳大桥至少用到了千余种相关的传感器，它们一起构成了港珠澳大桥的高精密感知系统。

项目描述

人类为了认识自然界中物质和事物的本质，就需要测量物质的基本特性。表征物质特性的参数按其电特性可分为电物理量和非电物理量。电物理量一般是指物理学中的电学量，如电压、电流、电阻、电容和电感等；非电物理量则指除了电物理量之外的参数，如高度、距离、位移、力、速度、加速度、流量、温度、浓度和酸碱度等。

电物理量的测量一般使用电工仪表和电子仪器，要求输入的信号为电信号。而非电物理量的测量则需要将非电物理量转换成与非电物理量有一定关系的电物理量，再进行测量，实现这种技术的器件被称为传感器。

本项目拟通过传感器的特性调研、压电式传感器测量振动频率实验和测量数据处理实例等工作任务，使学生认识传感器，掌握传感器的基本特性，并培养学生爱护公物、规范操作和团队协作意识。

学习目标

素质目标

1. 培养爱护公物意识、环保意识。
2. 培养规范操作意识、团队协作意识。
3. 培养良好的语言、文字表达能力和沟通能力。
4. 培养严谨细致的工作作风。

知识目标

1. 掌握传感器的定义、组成、分类。
2. 掌握压电式传感器的结构、工作过程。
3. 掌握无人机用传感器的种类、特性。
4. 掌握压电式传感器的静、动态特性。
5. 掌握传感器测量数据的处理方法。

能力目标

1. 会查找、整理文献资料。
2. 会使用传感器测量物理量。
3. 会处理传感器测量数据。

任务一 传感器初识

任务描述

传感器（Transducer/Sensor）是一种检测装置。它能感受到被测量的信息，并能将感受到的信息按一定规律变换成为电信号或其他所需形式的信息输出。

本任务旨在通过对一般工业常用传感器的型式、结构、工作过程、特性参数的调研来认识传感器。

任务实施

任务实施步骤如下：

1）准备压电式传感器、电阻式传感器、电容式传感器等常用传感器。

2）列举生活中常见的传感器，并说明各传感器的功能。

3）查阅资料，小组总结汇报压电式传感器的结构、工作原理、使用场合等。

4）查阅资料，收集常用电阻式传感器和电容式传感器的型号、工作原理、量程、使用条件等资料，填写表 1-1。

表 1-1 常用传感器及特性

传感器类型	型号	供电电压	量程	被测物理量	测量精度	工作条件	价格	尺寸	其他

传感器是基于各种物理、化学或生物的效应工作的，遵循的基本定律和法则有以下四个。

（1）守恒定律　包括能量、动量、电荷量等守恒定律。

（2）场的定律　包括运动场的运动定律、电磁场的感应定律等。例如，利用静电场定律研制电容式传感器，利用电磁感应定律研制自感、互感、电涡流式传感器，利用运动定律与电磁感应定律研制磁电式传感器等。

（3）物质定律　它是表示各种物质本身内在性质的定律（如胡克定律、欧姆定律等），通常以这种物质所固有的物理常数加以描述。因此，这些常数的大小决定着传感器的主要性能。例如，利用半导体物质法则——压阻、热阻、磁阻、光阻、湿阻等效应，可分别做成压敏、热敏、磁敏、光敏、湿敏等传感器件；利用压电晶体物质法则——压电效应，可制成压电传感器、声表面波传感器、超声传感器等。

（4）统计法则　它是把微观系统与宏观系统联系起来的物理法则。这类法则常常与传感器的工作状态有关，是分析某些传感器的理论基础。

一、传感器的定义

生物体的感官本身就是天然的传感器。如人的眼、耳、鼻、舌、皮肤分别具有视、听、嗅、味、触觉功能。人们的大脑神经中枢通过感官神经末梢就能感知外界的信息。如人们用眼睛（视觉）可知道物体的大小、形状等，通过耳朵（听觉）可以听到声音，通过鼻子（嗅觉）可以闻到气味，通过皮肤（触觉）可以感觉到物体的温度等。人的眼睛相当于光敏传感器，如 CCD、光敏电阻等；人的耳朵相当于压力传感器，如电容式传感器和压电式传感器等；人的鼻子相当于气敏传感器，如气体传感器等；人的舌头相当于味觉传感器，如离子传感器；人的皮肤相当于压力传感器和温、湿度传感器，如应变传感器、热电阻传感器等。

在研究自然现象及其规律的生产活动中，如果仅靠人类自身的感觉器官来获取外界信息，是远远不够的。如在科学研究中，在宏观上要观察上千光年的茫茫宇宙，微观上要观察小到费密（fm）的粒子世界，纵向上要观察长达数十万年的天体演化及短到纳秒（ns）的瞬间反应。此外，如超高温、超低温、超高压、超高真空、超强磁场、超弱磁场等，都是人类感官无法直接获取的信息。要获取这些信息，就必须借助传感器。

GB/T 7665—2005《传感器通用术语》把传感器定义为：能感受被测量并按照一定的规律转换成可输出信号的器件或装置，通常由敏感元件和转换元件组成。其中敏感元件是指传感器中能直接感受或响应被测量的部分；转换元件是指传感器中能将敏感元件感受或响应的被测量转换成适于传输或测量的电信号的部分。

传感器的定义

传感器的组成框图如图 1-1 所示。

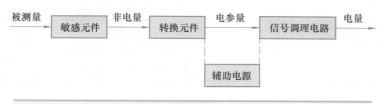

传感器的组成

图 1-1　传感器的组成框图

并不是所有的传感器都必须包括敏感元件和转换元件。如果敏感元件直接输出的是电物理量，它就同时兼为转换元件；如果转换元件能直接感受被测量并输出与之成一定关系的电物理量，此时传感器就无敏感元件，例如，压电晶片、热电偶、光电器件等。

可见，传感器是测量装置，用于完成检测任务。传感器的输入量是某一被测量，可以是物理量、化学量、生物量等；传感器的输出量要便于传输、转换、处理和显示等，可以是电物理量，也可以是气、光等。传感器的输入量和输出量有一定的对应关系，且应有一定的精确度。传感器的基本功能是检测信号和进行信号转换。

二、传感器的分类

一般同一种被测量可以用不同类型的传感器来测量，如加速度可用电位器式、电阻应变式、电阻式、电容式等传感器来测量；而采用同一原理的传感器又可测量多种物理量，如电阻式传感器不仅可以测量加速度，还可以测量位移、温度、压力等。因此，传感器有许多种分类方法，常用的分类方法如下。

传感器的分类

1. 按被测物理量分类

按被测物理量分类是根据被测物理量的性质进行分类的。传感器按被测物理量分类，分为加速度传感器、温度传感器、力传感器、位移传感器、压力传感器、湿度传感器、流量传感器、液位传感器和转矩传感器等。

这种分类方法把种类繁多的被测物理量分为基本被测物理量和派生被测物理量两类。例如，可将力视为基本被测物理量，从力可派生出压力、重力、应力和力矩等派生被测物理量。当需要测量这些被测物理量时，只要采用力传感器就可以了。

常见的非电基本被测物理量和派生被测物理量见表1-2。

表 1-2　基本被测物理量和派生被测物理量

基本被测物理量		派生被测物理量
加速度	线加速度	振动、冲击、质量
	角加速度	角振动、转矩、转动惯量
速度	线速度	振动、流量、动量
	角速度	转速、角振动
位移	线位移	长度、厚度、应变、振动、磨损、平面度
	角位移	旋转角、偏转角、角振动
力	压力	重力、应力、力矩
时间	频率	周期、计数、统计分布
温度		热容、气体速度、涡流
光		光通量与密度、光谱分布
湿度		水汽、水分、露点

2. 按传感器工作原理分类

传感器按工作原理分类，可分为电阻式（一般有电位器式、电阻应变片式及压阻式）传感器、电容式传感器、压电式传感器、电感式传感器、磁电式传感器、热电式传感器、磁敏式传感器和超声传感器等。

3. 按信号变换特征分类

传感器按信号变换特征分类，可分为结构型传感器和物性型传感器。结构型传感器是通过传感器结构参数的变化来实现信号的转换的，如电容式传感器是依靠极板间距离的变化引起电容的改变的。物性型传感器是利用敏感元件材料本身属性的变化来实现信号的变换的，如压电式传感器是利用石英晶体的压电效应实现测量的。

4. 按能量关系分类

传感器按能量关系分类，可分为能量转换型传感器和能量控制型传感器。能量转换型传感器指传感器由被测对象直接输入能量使其工作，如热电偶、光电池等，这类传感器也被称为有源传感器。能量控制型传感器则需要从外部获得能量才能工作，由被测量的变化来控制外部供给能量的变化，如电阻式传感器，这类传感器也被称为无源传感器。

除了上述分类方法外，传感器还可按测量方式分为接触式传感器和非接触式传感器；按输出信号的性质分为模拟式传感器和数字式传感器。数字式传感器输出数字信号，便于与计算机联用，且抗干扰性较强。

三、无人机传感器的分类

无人机传感器按功能可分为两类，一类是飞行控制传感器，另一类是任务载荷传感器。

飞行控制传感器用于检测无人机飞行参数，如速度、姿态、方向和高度等，一般包括惯性传感器和气压传感器；任务载荷传感器则需要根据任务要求搭载不同的传感器，如用于避障的超声传感器、红外传感器和双目立体视觉传感器，用于航拍的图像传感器等。

无人机飞行控制系统常采用的传感器有惯性传感器、电子罗盘和气压高度传感器。惯性传感器包括加速度计（或加速度传感器）和角速度传感器（陀螺仪）以及它们的单、双、三轴组合 IMU（惯性测量单元）。惯性传感器通过采集无人机的加速度和角速度获取无人机的瞬时速度和姿态，电子罗盘用于检测无人机的飞行方向，气压高度传感器用于检测无人机的飞行高度。

📝 任务评价

通过以上学习，对任务实施的完成情况和相关知识的了解情况做出客观评价，并填写表 1-3。

表 1-3　传感器初识任务评价

序号	评价内容	达标要求	小组自评	小组互评	教师评分
1	职业素养	行为习惯好，安全纪律好，工作态度端正，团队合作意识强			
2	传感器的定义	理解传感器的定义，掌握传感器的含义			
3	传感器的分类	理解传感器的分类方法，掌握无人机用传感器的种类			
4	传感器调研	熟悉传感器的种类和功能			
5		能归纳传感器的性能参数与工作条件			
总体评价					
再学习评价记录					

注：评价结果分为 A、B、C 三个等级，A 为能熟练达到相关要求，B 为基本能达到相关要求，C 为不能达到相关要求（后文同）。

📚 知识拓展

传感器的发展方向

传感器技术的主要发展方向有两个：一是传感器本身的基础研究，即研究新的传感器材料和工艺，发现新现象；二是与微处理器组合在一起的传感器系统的研究，即研究如何将检测功能与信号处理技术相结合，向传感器的智能化、集成化发展。

1. 发现新现象

传感器的工作机理是基于各种效应、反应和物理现象的。重新认识压电效应、热释电现象、磁阻效应等已发现的物理现象以及各种化学反应和生物效应，并充分利用这些现象与效应设计制造各种用途的传感器，是传感器技术领域的重要工作。此外，还要开展基础研究，以求发现新的物理现象、化学反应和生物效应。各种新现象、反应和效应的发现可极大地扩大传感器的检测极限和应用领域。

2. 开发新材料

随着物理学和材料科学的发展，人们在很大程度上已经能够根据对材料功能的要求来设计材料的组分，并通过对生产过程的控制制造出各种所需的材料。目前最为成熟、先进的材料技术是以硅加工为主的半导体制造技术。例如，人们利用该项技术设计制造的多功能精密陶瓷气敏传感器可适应很高的工作温度，弥补了硅（或锗）半导体传感器温度上限低的缺点，可用于汽车发动机燃空比控制系统，大大地扩展了传统陶瓷传感器的使用范围。有机材料、光导纤维等材料在传感器上的应用，也已取得重大突破，引起了国内外学者的极大关注。

3. 采用微细加工技术

将硅集成电路技术加以移植并发展，形成了传感器的微细加工技术。这种技术能将电路尺寸加工到光波长的数量级，并能实现低成本超小型传感器的批量生产。

微细加工技术除全面继承氧化、光刻、扩散、淀积等微电子技术外，还发展了平面电子工艺技术、各向异性腐蚀、固相结合工艺和机械切断技术。利用这些技术对硅材料进行三维形状加工，能制造出各式各样的新型传感器。例如，利用光刻、扩散工艺已制造出压阻式传感器，利用薄膜工艺已制造出快速响应的气敏、湿敏传感器等。日本横河公司综合利用微细加工技术，在硅片上制成孔、沟、棱锥、半球等各种形状的微型机械元件，并制作出了全硅谐振式压力传感器。

4. 传感器的智能化

"电感官"与"电脑"的结合就是传感器的智能化。智能化传感器不仅具有信号检测、转换功能，同时还具有记忆、存储、解析、统计处理以及自诊断、自校准、自适应等功能。

5. 仿生传感器

传感器相当于人的感官，且在许多方面超过人体，但在检测多维复合量方面，传感器的水平则远不如人体。尤其是那些与人体生物酶反应相当的嗅觉、味觉等化学传感器，还远未达到人体感觉器官那样高的选择性。实际上，人体感觉器官由非常复杂的细胞组成并与人脑联系紧密，配合协调。工程传感器要完全替代人的感官，则须具备相当复杂、细密的结构和相当高度的智能化。这一点目前还不可能实现。但是，研究人体感觉器官，开发能够模仿人体嗅觉、味觉、触觉等感觉的仿生传感器，使其功能尽量与人自身的功能相接近，已成为传感器发展的重要课题。

任务二 传感器的基本特性认知

任务描述

因为传感器要对各种各样的参数进行检测和控制，所以要求传感器能感受被测非电量的变化特性并不失真地将其变换成相应的电量。这取决于传感器的输入 – 输出特性，而传感器

的输入 – 输出特性可用静态特性和动态特性来描述。

本任务通过用压电式传感器测量物体振动频率实验来实现对传感器功能及其基本特性的认知。

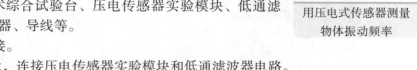

任务实施

任务实施步骤如下：

1）准备检测技术综合试验台、压电传感器实验模块、低通滤波器、振动台、示波器、导线等。

2）实验电路连接。

① 如图 1-2 所示，连接压电传感器实验模块和低通滤波器电路。

用压电式传感器测量
物体振动频率

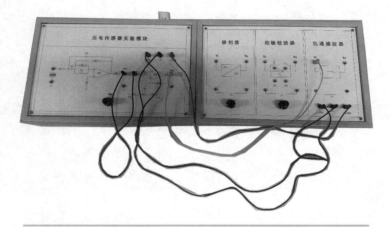

图 1-2　压电传感器实验模块和低通滤波器电路的连接

② 如图 1-3 所示，连接低通滤波器和示波器。

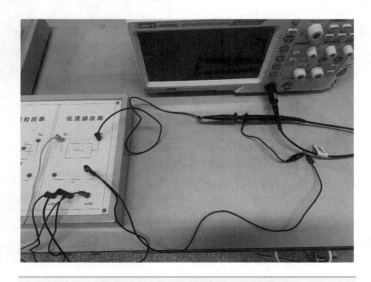

图 1-3　连接低通滤波器和示波器

③ 如图 1-4 所示，连接压电式传感器、振动台和振荡器电路。

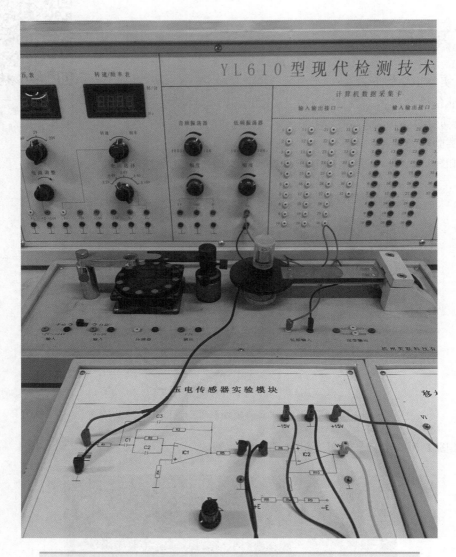

图 1-4　传感器、振动台和振荡器电路的连接

④ 如图 1-5 所示，连接试验台与压电传感器实验模块电路。

3）开始实验。打开试验台开关，打开示波器开关，旋转试验台上的低频振荡器旋钮，示波器显示波形，如图 1-6 所示。

4）旋大低频振荡器旋钮，传感器输出波形，如图 1-7 所示。

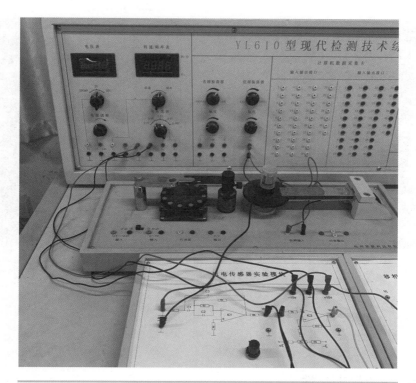

图 1-5　试验台与压电传感器实验模块电路的连接

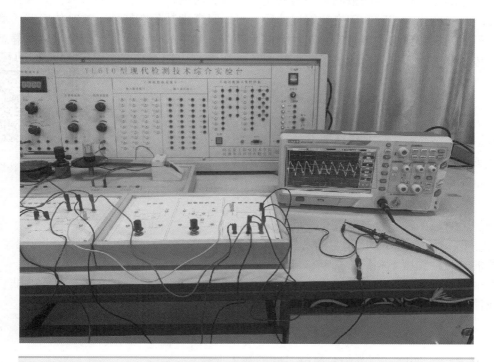

图 1-6　开始实验

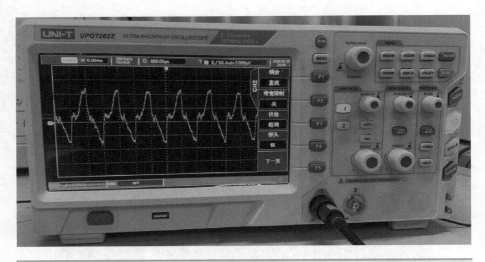

图 1-7　传感器输出波形

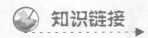

一、传感器的静态特性

传感器的静态特性是指被测量的值处于稳定状态时的输出与输入的关系。如果被测量是一个不随时间变化，或随时间变化缓慢的量，可以只考虑其静态特性。这时传感器的输入量与输出量之间在数值上一般具有一定的对应关系，且关系式中不含有时间变量。对静态特性而言，传感器的输入量 x 与输出量 y 之间的关系通常可以用多项式表示为

$$y = a_0 + a_1 x + a_2 x^2 + \cdots + a_n x^n \tag{1-1}$$

式中　　　　　　　a_0——输入量 x 为零时的输出量；

a_1、a_2、a_3、$\cdots$、a_n——非线性项系数。

传感器的静态特性可以用一组性能指标来描述，如线性度、灵敏度、重复性、迟滞现象和飘移等。

传感器的静态特性

1. 线性度

理想传感器的输出量与输入量之间的关系应是线性的，如图 1-8a 所示。但实际传感器输出量与输入量之间的关系大多是非线性的，如图 1-8b 所示。各种传感器的非线性程度不相同。

线性度是传感器输出量与输入量之间的实际关系曲线偏离直线的程度，又称为非线性误差。线性度 γ_L 可表示为

$$\gamma_L = \pm \frac{\Delta L_{max}}{y_{fx}} \times 100\% \tag{1-2}$$

式中　　ΔL_{max}——实际曲线与拟合直线之间的最大偏差；

y_{fx}——满量程输出值。

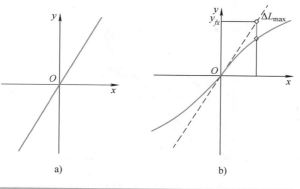

线性度

图1-8 传感器的线性度

对传感器输出量与输入量之间的非线性应进行线性补偿处理，以提高测量准确性。

2. 灵敏度

灵敏度是传感器在稳态下输出增量与输入增量的比值。对于线性传感器，其灵敏度就是它的静态特性的斜率，用 S_n 表示，如图1-9a所示。

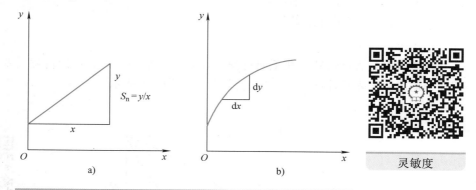

灵敏度

图1-9 传感器的灵敏度

$$S_n = \frac{y}{x} \tag{1-3}$$

非线性传感器的灵敏度是一个随工作点而变化的变量，如图1-9b所示，其表达式为

$$S_n = \frac{\Delta y}{\Delta x} = \frac{dy}{dx} = \frac{df(x)}{dx} \tag{1-4}$$

灵敏度 S_n 越大，表示传感器越灵敏。

3. 重复性

重复性表示传感器在对输入量按同一方向做全量程多次测试时，所得特性曲线不一致性的程度，如图1-10所示。

图1-10中，Δm_1 和 Δm_2 即为多次测试的不重复误差。多次测试的曲线越重合，其重复性越好，不重复误差也越小。

传感器输出特性的重复性主要由传感器机械部分的磨损、间隙、松动，部件的内摩擦、积尘，电路元器件的老化、工作点漂移等原因产生。

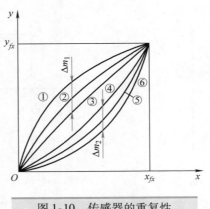

重复性

图 1-10　传感器的重复性

①～⑥为测试次数

重复性误差 E_z 的表达式为

$$E_z = \pm \frac{\Delta m_{\max}}{y_{fx}} \times 100\%$$ （1-5）

式中　$\Delta m_{\max}$——输出最大不重复误差；

　　　y_{fx}——满量程输出值。

4. 迟滞现象

迟滞现象是表征传感器在正向行程（输入量由小到大）和反向行程（输入量由大到小）期间，输出－输入特性曲线不一致的程度，如图 1-11 所示。

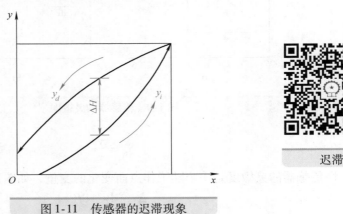

迟滞

图 1-11　传感器的迟滞现象

把在行程环中同一输入量 x_i 对应的不同输出量 y_i、y_d 的差值称为滞环误差，最大滞环误差 ΔH 与满量程输出值的比值称为迟滞 E_c，即

$$E_c = \frac{\Delta H}{y_{fx}} \times 100\%$$ （1-6）

迟滞现象主要是由传感器敏感元件材料的物理性质和机械零部件的缺陷造成的，如弹性敏感元件的弹性滞后、运动部件摩擦、传动机构存在间隙、紧固件松动等。

5. 分辨力

分辨力是指传感器在规定范围内能检测到输入量的最小变化量的能力。若输入量缓慢变化且其变化值未超过某一范围时，输出值不变化。而当输入量的变化超过此范围时，输出值发生变化，此时输入量的变化值即为分辨力，如图 1-12 所示。

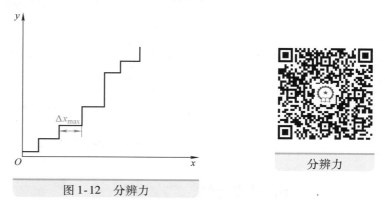

图 1-12　分辨力

分辨力有时被指定为一个绝对值，有时是传感器满量程的一个百分比。

对于数字式仪表，分辨力就是仪表指示值的最后一位数字所代表的值。当被测量的变化量小于分辨力时，数字式仪表的最后一位数字不变，仍指示原值。当分辨力以满量程输出的百分数表示时，则称为分辨率。

6. 阈值

如果传感器的输入从零逐渐增加，其输出一开始保持为零，直到输入增长到某个最小值后，输出才发生变化，则把这个输入的最小值称为阈值。可以把阈值看作是传感器在零点附近的分辨力。

不同的制造商为传感器指定阈值的方式会有所不同。有些制造商会使用绝对值，有些制造商则使用传感器满量程的一个百分比。例如，汽车测速仪通常具有约 15km/h 的阈值，这意味着汽车在起动和加速过程中，在速度达到 15km/h 之前，速度里程表上不会观察到输出读数。

7. 漂移

传感器的漂移是指输入量不变的情况下，输出量却随时间变化的现象。产生飘移的因素有两个：一是传感器自身结构发生变化；二是传感器周围温度、湿度等环境参数发生变化。最常见的是温度漂移，主要是温度零点漂移和温度灵敏度漂移。

如图 1-13 所示，温度漂移是指传感器工作环境温度偏离标准环境温度时，传感器的输出变化量与温度变化量之比，用 ξ 表示，即

$$\xi = \frac{y_t - y_{20}}{t - 20} \tag{1-7}$$

式中　y_t——传感器在环境温度为 t 时的输出值；

　　　y_{20}——传感器在环境温度为 20℃时的输出值。

8. 稳定性

稳定性有短期稳定性和长期稳定性之分，常用长期稳定性。它是指在室温条件下，经过相当长的时间间隔，如一天、一月或一年，传感器的输出与起始标定时的输出之间的差异。通常又用其不稳定度来表征其输出的稳定程度。

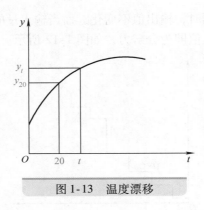

图 1-13　温度漂移

温度漂移

二、传感器的动态特性

传感器的动态特性是指随时间变化的传感器输入与输出之间的响应特性。当被测量是时间的函数时，传感器的输出量也是时间的函数，两者的关系用动态特性表示。

在研究传感器的动态特性时，通常从时域和频域两方面采用瞬态响应法和频率响应法来分析。最常用的是通过几种特殊的输入时间函数（例如阶跃函数和正弦函数）来研究其响应特性，称为阶跃响应特性和频率响应特性。

传感器的动态特性

1. 阶跃响应特性

给传感器输入一个单位阶跃函数被测信号，即

$$u(t) = \begin{cases} 0 & t \leqslant 0 \\ 1 & t > 0 \end{cases}$$

其输出特性称为阶跃响应特性。传感器的阶跃响应特性如图 1-14 所示。

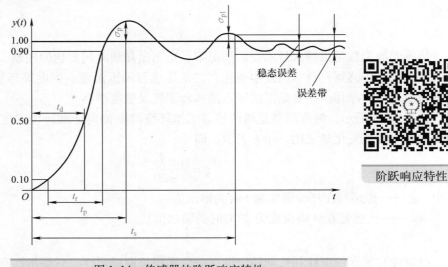

图 1-14　传感器的阶跃响应特性

由图 1-14 可衡量阶跃响应的以下指标：

（1）最大超调量 σ_p　响应曲线偏离阶跃曲线的最大值，常用百分数表示，说明传感器的相对稳定性。

（2）延迟时间 t_d　阶跃响应达到稳态值50%所需要的时间。

（3）上升时间 t_r　响应曲线从稳态值的10%上升到90%所需要的时间。

（4）峰值时间 t_p　响应曲线上升到第一个峰值所需要的时间。

（5）响应时间 t_s　响应曲线逐渐趋于稳定到与稳态值之差不超过 $\pm$（2% ~ 5%）所需要的时间，也称为过渡过程时间。

2. 频率响应特性

频率响应特性一般由频率响应曲线来表征。给传感器输入各种频率不同而幅值相同、初相位为零的正弦函数信号，其输出量的幅值和相位与频率之间的关系为频率响应曲线。

图1-15所示为由弹簧阻力器组成的机械压力传感器，系统输入量为作用力 $F(t)$，令其与弹簧刚度成正比，$F(t) = kx(t)$。系统输出量为位移 $y(t)$。根据牛顿第三定律，可知

$$f_c + f_k = F(t) \tag{1-8}$$

式中　f_c——阻力器摩擦力，即

$$f_c = cv = c\frac{\mathrm{d}y(t)}{\mathrm{d}t} \tag{1-9}$$

式（1-8）中　f_k——弹簧弹性力，即

$$f_k = ky(t) \tag{1-10}$$

以上式中　c——阻尼系数；

　　　　　v——位移速度；

　　　　　k——弹簧刚度（刚度系数）。

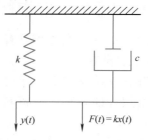

$y(t)$　$F(t) = kx(t)$

图1-15　由弹簧阻力器组成的机械压力传感器

由弹簧阻力器组成的机械压力传感器

经计算，可以得到输出位移 $y(t)$ 与输入作用力 $F(t)$ 的传递函数。该传递函数的幅频特性 $A(\omega)$ 和相频特性 $\Phi(\omega)$ 分别为

$$A(\omega) = \frac{1}{\sqrt{1 + (\omega\tau)}} \tag{1-11}$$

$$\Phi(\omega) = -\arctan(\omega\tau) \tag{1-12}$$

式中　τ——时间常数，$\tau = c/K$；

　　　　ω——输入作用力角频率，$\omega = 2\pi f$；

　　　　f——频率。

可以看出，当 $\omega\tau \ll 1$ 时，幅频特性 $A(\omega) \approx 1$，为常数；相频特性 $\Phi(\omega) \approx -\omega\tau$，相频特性 $\Phi(\omega)$ 与频率成线性关系，即稳定的正比关系。这时能保证测量是无失真的，输出位移

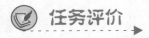

$y(t)$ 才能真实地反映输入作用力 $F(t)$ 的变化规律。

任务评价

通过以上学习，对任务实施的完成情况和相关知识的了解情况做出客观评价，并填写表1-4。

表1-4　传感器的基本特性认知任务评价

序号	评价内容	达标要求	小组自评	小组互评	教师评分
1	职业素养	行为习惯好，安全纪律好，工作态度端正，团队合作意识强			
2	传感器的静态特性	掌握传感器静态特性参数的含义			
3		会计算传感器静态特性参数			
4	传感器的动态特性	掌握传感器动态特性参数的含义			
5		掌握传感器输出波形			
	总体评价				
	再学习评价记录				

知识拓展

<h2 align="center">传感器的性能指标</h2>

决定传感器性能的指标有很多。要求一个传感器具有全面良好的性能指标，不仅会给设计、制造造成困难，而且工程实际上也没有必要。因此，应根据实际需要，在确保主要性能指标实现的基础上，放宽对次要性能指标的要求，以求得到较高的性价比。

表1-5列出了传感器的一些常用性能指标，可将它作为检验、使用和评价传感器的依据。

表1-5　传感器性能指标

基本参数指标	量程指标	量程范围、过载能力等
	灵敏度指标	灵敏度、满量程输出、分辨力和输入输出阻抗等
	精度方面的指标	精度（误差）、重复性、线性、滞后、灵敏度误差、阈值、稳定性及漂移等
	动态性能指标	固有频率、阻尼系数、频率范围、频率特性、时间常数、上升时间、响应时间、过冲量、衰减率、稳态误差、临界速度及临界频率等
环境参数指标	温度指标	工作温度范围、温度误差、温度漂移、灵敏度温度系数和热滞后等
	抗冲振指标	各向冲振容许频率、振幅值、加速度及冲振引起的误差等
	其他环境参数	抗潮湿、抗介质腐蚀及抗电磁场干扰能力等

（续）

可靠性指标		工作寿命、平均无故障时间、保险期、疲劳性能、绝缘电阻、耐压及抗飞弧性能等
其他指标	使用方面	供电方式（直流、交流频率和波形等）、电压幅度与稳定度、功耗及各项分布参数等
	结构方面	外形尺寸、质量、外壳、材质及结构特点等
	安装连接方面	安装方式、馈线及电缆等

任务三　测量误差与数据处理方法认知

任务描述

测量的目的是希望通过测量而获得被测量的真值。但在实际测量工作中，受被测对象、检测系统、检测方法和检测人员等各种因素的影响，被测量的检测值与真值之间存在差值，即测量误差。为了减小测量误差，得到较为精确的测量结果，应对多次测量结果进行分析和处理。本任务学习测量数据的处理方法。

测量结果的数据处理可按以下步骤进行。

1）将一系列等精度测量的数据 x_i（$i = 1$、2、3、$\cdots$、n）按先后顺序列成表格。

2）计算测量数据 x_i 的算术平均值 $\bar{x}$（$\bar{x} = \dfrac{\sum\limits_{i=1}^{n} x_i}{n}$）。

测量误差的概念

3）计算各测量值的残余误差 V_i（$V_i = x_i - \bar{x}$），并列入表中每个测量值旁。

4）检查是否满足 $\sum\limits_{i=1}^{n} V_i = 0$ 的条件。若不满足，说明计算有错误，须重新计算。

5）在每个残余误差旁列出 V_i^2，然后利用公式 $\sigma = \sqrt{\dfrac{\sum\limits_{i=1}^{n} V_i^2}{n-1}}$ 计算均方根误差 σ。

6）判断是否存在粗大误差（即是否有 $|V_i| > 3\sigma$）。若存在，则剔除此数，然后从步骤2）开始重新计算。

7）利用公式 $\bar{\sigma} = \dfrac{\sigma}{\sqrt{n}}$，计算算术平均值的标准差 $\bar{\sigma}$。

8）写出最后的测量结果 $x = \bar{x} \pm 3\bar{\sigma}$。

任务实施

实验条件不变，利用任务二的实验装置，对试验台的振动频率进行多次测量，采用任务描述中的方法计算振动台的频率。

1）将每次测量的振动频率按顺序填入表 1-6 的第二列。

2）计算 $\bar{f}$，填入表 1-6。

3）计算每次测量的残余误差 V_{fi}，并列入表 1-6 的第三列。

4）检查是否满足 $\sum_{i=1}^{n} V_{fi} = 0$ 的条件。若不满足，重新计算 $\bar{f}$、V_{fi}，重新检查 $\sum_{i=1}^{n} V_{fi} = 0$ 的条件，直至满足。

5）计算 V_{fi}^2，并列入表 1-6 的第四列。

6）计算均方根误差 σ，并填入表 1-6。

7）计算极限误差 3σ。

8）对比 3σ 与 $|V_i|$，若发现某次测量数据存在 $|V_i| > 3\sigma$ 的情况，则本次测量的频率存在粗大误差，应剔除本次测量结果。

9）计算算术平均值的标准差 $\bar{\sigma}$，并填入表 1-6。

10）写出振动频率 f。

表 1-6　测量数据表

测量次数	f_i/Hz	V_{fi}	V_{fi}^2
1			
2			
3			
4			
5			
6			
7			
8			
9			
10			
11			
12			
13			
14			
15			
16			
结果	$\bar{f} =$	$\sum_{i=1}^{16} V_{fi} =$	$\sum_{i=1}^{16} V_{fi}^2 =$ $\sigma = \sqrt{\dfrac{\sum_{i=1}^{16} V_{fi}^2}{16-1}} =$ $\bar{\sigma} = \dfrac{\sigma}{\sqrt{16}} =$
	$f = \bar{f} \pm 3\bar{\sigma} =$		

在分析测量误差时，采用的被测量真值是指在确定条件下被测量客观存在的实际值。判断真值的方法有三种：一是理论设计和理论公式表达值，称为理论真值，例如三角形内角之和为180°；二是由国际计量学确定的基本的计量单位，称为约定真值，例如在标准条件下水的冰点和沸点分别是0℃和100℃；三是比较精度高一级或几级的仪表测量值与精度低的仪表测量值，把高一级仪表的测量值称为相对真值。相对真值在测量中应用最为广泛。

误差和错误

误差自始至终存在于一切科学实验和测量当中，被测量的真值是永远难以得到的。但是，可以改进检测装置和检测手段，并通过对测量误差进行分析处理，使误差处于允许的范围之内。

一、误差的表示方法

1. 绝对误差

绝对误差反映测量值偏离真值的大小，可定义为

$$\Delta = x - L \tag{1-13}$$

式中　Δ——绝对误差；

　　　x——测量值；

　　　L——真值。

绝对误差有正、负之分，且有量纲。在实际检测过程中，有时要用到修正值，修正值是与绝对误差大小相等、符号相反的值，即

$$c = -\Delta \tag{1-14}$$

误差的表示方法

式中　c——修正值，通常利用高一等级的测量标准或标准仪器来获得修正值。

利用修正值可对测量值进行修正，从而得到准确的实际值，修正后的实际测量值 x' 为

$$x' = x + c \tag{1-15}$$

给出修正值的方式，可以是给出具体的数值，也可以是给出一条曲线或公式。

采用绝对误差表示测量误差，不能很好地说明测量质量的好坏。例如，在进行温度测量时，绝对误差 $\Delta = 1℃$，对钢液温度测量来说是极好的测量结果，但对体温的测量是不允许的。因此，需要引入相对误差来客观反映测量的准确性。

绝对误差

2. 相对误差

相对误差指的是测量所造成的绝对误差与被测量（约定）真值之比乘以100%所得的数值，以百分数表示，即

$$\delta = \frac{\Delta}{L} \times 100\% \tag{1-16}$$

式中　δ——实际相对误差，一般用百分数给出。

相对误差

但由于被测量的真值 L 无法知道，所以实际测量时用测量值 x 代替真值 L 进行计算，这个相对误差称为标准相对误差，即

$$\delta = \frac{\Delta}{x} \times 100\% \tag{1-17}$$

一般来说，相对误差更能反映测量的可信程度。

3. 引用误差

引用误差是仪表中通用的一种误差表示方法，是相对于仪表满量程的一种误差，又称满量程相对误差。引用误差定义为测量的绝对误差与仪表的满量程值之比，一般也用百分数表示，即

$$\gamma = \frac{\Delta}{测量范围上限 - 测量范围下限} \times 100\% \tag{1-18}$$

式中　γ——引用误差。

仪表精度等级是根据最大引用误差来确定的。例如，0.5 级仪表的引用误差的最大值不超过 $\pm 0.5\%$；1.0 级仪表的引用误差的最大值不超过 $\pm 1\%$。

在使用传感器和仪表时，还经常会遇到基本误差和附加误差。

4. 基本误差

基本误差是指传感器或仪表在规定的标准条件下所具有的误差。例如，某传感器是在电源电压 (250 ± 5) V、电网频率 (50 ± 2) Hz、环境温度 (25 ± 5)℃、湿度 (65 ± 5)% 的条件下标定的。如果传感器在这个条件下工作，则传感器所具有的误差为基本误差。仪表的精度等级就是由基本误差决定的。

5. 附加误差

附加误差是指在传感器或仪表的使用条件偏离额定条件时出现的误差，如温度附加误差、频率附加误差、电源电压波动附加误差等。

二、误差的分类

为了便于误差的分析和处理，可以按误差的规律性将其分为三类，即随机误差、系统误差和粗大误差。

1. 随机误差

误差的分类

随机误差也称为偶然误差和不定误差，是在测量过程中，由于一系列有关因素（如环境温度、相对湿度、气压、振动、电场，分析人员操作的微小差异以及仪器的不稳定性等）微小的随机波动而形成的具有相互抵偿性的误差。随机误差的大小和正负都不固定，但多次测量就会发现，绝对值相同的正负随机误差出现的概率大致相等，因此它们之间常能互相抵消，所以可以通过增加测量的次数，并取测量值平均值的办法来减小随机误差。

随机误差是指某一测量值与同一待测量的无限多次的测量值的平均值之差，可用下式表示

$$随机误差 = x_i - \bar{x}_\infty \tag{1-19}$$

式中　x_i——被测量的某一测量值；

　　　$\bar{x}_\infty$——重复性条件下无限多次的测量值的平均值，即

$$\overline{x}_{\infty} = \frac{x_1 + x_2 + x_3 + \cdots + x_n}{n} \quad (n \rightarrow \infty) \tag{1-20}$$

由于重复测量实际上只能测量有限次，所以实际中的随机误差只是一个近似估计值。对于随机误差，不能用简单的修正值来修正，当测量次数足够多时，就整体而言，随机误差服从一定的统计规律（如正态分布、均匀分布、泊松分布等），通过对测量数据的统计处理可以计算随机误差出现的可能性大小。

2. 系统误差

在相同条件下，对同一物理量进行多次测量，如果误差按一定规律（如线性、多项式、周期性等函数规律）出现，则把这种误差称为系统误差。系统误差可分为定值系统误差和变值系统误差。数值和符号都保持不变的系统误差称为定值系统误差，数值和符号按照一定规律变化的系统误差称为变值系统误差。

在国家计量技术规范 JJF1001—2011《通用计量术语及定义》中，对系统误差的定义是：在重复测量中保持不变或按可预见方式变化的测量误差的分量。表示为在重复性条件下对同一被测量进行无限多次测量所得结果的平均值与被测量的真值之差，即

$$系统误差 = \overline{x}_{\infty} - L \tag{1-21}$$

3. 粗大误差

超出规定条件下预期的误差称为粗大误差，又称疏忽误差。产生这类误差的主要原因有：

1）客观原因：电压突变、机械冲击、外界振动、电磁（静电）干扰、仪器故障等引起的测试仪器的测量值异常或被测物品的位置相对移动；

2）主观原因：使用了有缺陷的量具，操作时疏忽大意，读数、记录、计算错误等；

3）环境条件的反常突变。

由于含有粗大误差的测量值明显地歪曲了客观现象，所以常将其称为坏值或异常值。在处理数据时，所有的坏值都应当剔除。

因此进行误差分析时，要估计的误差就只有随机误差和系统误差。

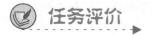 任务评价

通过以上学习，对任务实施的完成情况和相关知识的了解情况做出客观评价，并填写表1-7。

表1-7　测量误差与数据处理方法认知任务评价

序号	评价内容	达标要求	小组自评	小组互评	教师评分
1	职业素养	行为习惯好，安全纪律好，工作态度端正，团队合作意识强			
2	误差的表示方法	掌握表征误差的参数及含义			
3		会计算绝对误差、相对误差、引用误差			
4	误差的分类	了解误差的类型			
5		掌握误差的来源			
6	测量数据处理	掌握测量数据的处理方法			
7		会处理测量数据			
	总体评价				
	再学习评价记录				

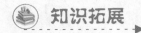 **知识拓展**

传感器的选用方法

现代传感器在原理与结构上千差万别，如何根据具体的测量目的、测量对象以及测量环境合理地选用传感器，是测量物理量时或组建测量系统时首先要解决的问题。而且，测量结果的成败，很大程度上取决于传感器的选用是否合理。

1. 根据测量对象与测量环境确定传感器的类型

即使是测量同一物理量，也有多种原理的传感器可供选用，哪一种原理的传感器更为合适，则需要根据被测量的特点和传感器的使用条件加以考虑，如量程的大小；被测位置对传感器体积的要求；测量方式为接触式还是非接触式；信号的引出方法，是有线还是非接触测量；传感器的来源，是国产还是进口，价格能否承受等。

2. 灵敏度的选择

一般来说，传感器的灵敏度越高越好。因为灵敏度越高，传感器所感知的变化量就越小，即只要被测量有一微小变化，与被测量变化对应的输出信号值就较大，这有利于信号处理。

但要注意的是：①传感器的灵敏度过高时，与被测量无关的外界噪声也容易混入，也会被放大系统放大，影响测量精度，因此要求传感器本身应具有较高的信噪比，尽量减少从外界引入的干扰信号；②过高的灵敏度会影响传感器的测量范围；③传感器的灵敏度是有方向性的，当被测量是单向量，而且对其方向性要求较高时，则应选择方向灵敏度小的传感器，如果被测量是多维向量，则要求传感器的交叉灵敏度越小越好。

3. 频率响应特性

传感器的频率响应特性决定了被测量的频率范围，必须在允许频率范围内保持不失真的测量条件。实际上传感器的响应总有一定延迟，延迟时间越短越好。传感器的频率响应高，可测的信号频率范围就宽。而由于受到结构特性的影响，机械系统的惯性较大，频率低的传感器可测信号的频率较低。在动态测量中，应根据信号的特点（稳态、瞬态、随机等）选择响应特性合适的传感器，以免产生过大的误差。

4. 线性范围

传感器的线形范围是指输出与输入成正比的范围。传感器的线性范围越宽，则其量程越大，并且能保证一定的测量精度。在选择传感器时，当传感器的种类确定以后，首先要看其量程是否满足要求。但实际上，任何传感器都不能保证绝对的线性，其线性度也是相对的。当所要求测量精度比较低时，在一定的范围内，可将非线性误差较小的传感器近似看作线性的，这会给测量带来极大的方便。

5. 稳定性

影响传感器长期稳定性的因素除传感器本身的结构外，主要是传感器的使用环境。因此，要想使传感器具有良好的稳定性，传感器必须要有较强的环境适应能力。

在选择传感器之前，应对其使用环境进行调查，并根据具体的使用环境选择合适的传感器，或采取适当的措施，减小环境的影响。

传感器的稳定性有定量指标，在超过使用期后，使用前应重新进行标定，以确定传感器的性能是否发生变化。

在某些要求传感器能长期使用而又不能轻易更换或标定的场合，所选用的传感器稳定性要求更严格，要能够经受住长时间的考验。

6. 精度

精度是传感器的一个重要的性能指标，它是关系到整个测量系统测量精度的一个重要环节。传感器的精度越高，其价格越昂贵，因此传感器的精度只要满足整个测量系统的精度要求就可以，不必选得过高。这样就可以在满足同一测量目的的诸多传感器中选择比较便宜和简单的传感器。

如果测量目的是定性分析，选用重复精度高的传感器即可，不宜选用绝对量值精度高的；如果是为了定量分析，必须获得精确的测量值，就需选用精度等级能满足要求的传感器。

7. 其他方面

对某些特殊使用场合，无法选到合适的传感器，则需自行设计制造传感器。另外，还要考虑传感器的现场安装条件、使用环境、信号传输距离等因素。

思考与练习

一、填空题

1. 传感器通常由敏感元件和（　　）组成。

2. 传感器是能把外界（　　）转换成电量的器件和装置。

3. 传感器由（　　）、转换元件和基本电路三部分组成。

4. 传感器的输出量要便于（　　）、转换、处理和显示等。

5. 无人机传感器按功能可分为两类，一类是（　　），另一类是（　　）。

6. 线性度和灵敏度是传感器的（　　）指标。

7. 频率响应特性是传感器的（　　）指标。

8. 传感器的基本特性通常指的是传感器的输入和（　　）之间的关系特性。

9. 传感器的基本功能是（　　）和（　　）。

10. 传感器的输入量和输出量有一定的（　　）关系，且应有一定的精确度。

二、选择题

1. 传感器的输出量通常为（　　）。

A. 电量信号　　　　B. 非电量信号　　　　C. 位移信号　　　　D. 光信号

2. 下面（　　）不是传感器。

A. 电子秤　　　　B. 温度计　　　　C. 压力表　　　　D. 电压表

3. 选用仪表时，不能单纯追求高精度，而是应兼顾精度等级和量程，最好使测量值落在仪表满量程值的（　　）以上区域内。

A. 2/3　　　　　　　B. 1/3　　　　　　　C. 4/5　　　　　　D. 3/4

4. 下列传感器不属于按基本效应分类的是（　　　）。

A. 物理传感器　　　B. 半导体传感器　　　C. 磁传感器　　　D. 真空传感器

5. 非线性度是表示校准曲线（　　　）的程度。

A. 接近真值　　　　　　　　　　　B. 偏离拟合直线

C. 正反行程不重合　　　　　　　　D. 重复性

6. 以下不是按被测物理量分类的传感器是（　　　）。

A. 加速度传感器　　　B. 温度传感器　　　C. 力传感器　　　D. 压电式传感器

7. 以下不是传感器静态特性参数的是（　　　）。

A. 线性度　　　　　B. 灵敏度　　　　　C. 频率响应　　　D. 重复性

8. 下列属于传感器动态特性指标的是（　　　）。

A. 迟滞现象　　　　　　　　　　　B. 过冲量或超调量

C. 稳定性　　　　　　　　　　　　D. 线性度

9. 以下不属于基本被测物理量的是（　　　）。

A. 转速　　　　　　B. 速度　　　　　　C. 位移　　　　　D. 力

10. 以下不属于派生被测物理量的是（　　　）。

A. 转动惯量　　　　B. 质量　　　　　　C. 温度　　　　　D. 角振动

三、简答题

1. 简述传感器的定义及组成。

2. 简述在什么条件下只研究传感器的静态特性就能够满足通常需求。

3. 无人机飞控系统中的传感器有哪些？

4. 误差的表示方法有哪些？

5. 判断真值的方法有哪些？

项目二
无人机飞行控制传感器认知与功能测试

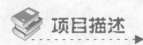

项目导入

　　大型飞机重大专项是党中央、国务院建设创新型国家，提高我国自主创新能力和增强国家核心竞争力的重大战略决策，是《国家中长期科学与技术发展规划纲要（2006—2020年）》确定的 16 个重大专项之一。

　　C919 飞机是我国首款完全按照国际先进适航标准研制的单通道大型干线客机，具有我国完全的自主知识产权。其最大航程超过 5500km，性能与国际新一代的主流单通道客机相当。C919 飞机于 2017 年 5 月 5 日成功首飞。

　　让中国的大飞机飞上蓝天，既是国家的意志，也是全国人民的意志。

项目描述

　　无人机飞行控制系统是无人机完成起飞、空中飞行、执行任务和返场回收等整个飞行过程的核心系统，它能够稳定无人机飞行姿态，并能控制无人机自主或半自主飞行，是无人机的大脑。

　　无人机飞行控制系统的传感器将无人机的飞行姿态等动态信息采集并输出给计算机，经计算机处理后输出给执行机构，从而控制无人机的飞行姿态，并保持无人机飞行的稳定。

　　无人机飞行控制系统常采用的传感器有惯性传感器、电子罗盘和气压高度传感器。惯性传感器包括加速度传感器（或加速度计）和角速度传感器（陀螺仪）以及它们的单、双、三轴组合 IMU（惯性测量单元）。惯性传感器主要用于获取无人机的瞬时速度和姿态，电子罗盘用于检测无人机的飞行方向，气压高度传感器用于检测无人机的飞行高度。简单来说，加速度传感器知道"无人机又向前飞了几米"，陀螺仪知道"无人机转了个身"，电子罗盘则知道"无人机是向哪个方向飞"。

　　本项目拟通过加速度传感器特性调研和 PixHawk 飞控中的加速度传感器校准、六轴 IMU传感器模块特性调研和 PixHawk 飞控中的陀螺仪功能测试、九轴 IMU 传感器模块特性调研和 PixHawk 飞控中的电子罗盘校准、数字气压高度传感器特性调研和 MPU – 6050 无人机传感器模块功能测试等工作任务，使学生认识加速度传感器、陀螺仪、电子罗盘、气压高度传感器等，学会使用传感器模块测量物体运动的加速度、角速度等参数，并增强学生的规范操作、团队协作意识。

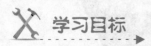

学习目标

素质目标

1. 增强爱护公物意识、环保意识。

2. 增强规范操作意识、团队协作意识。

3. 增强语言、文字表达能力和沟通能力。

4. 培养爱岗敬业、精益求精的工匠精神。

知识目标

1. 掌握加速度传感器的种类、工作原理。

2. 掌握传统陀螺仪的结构、组成、工作原理及特性。

3. 掌握微机械陀螺仪的工作原理。

4. 掌握电子罗盘的工作原理和角度测量原理。

5. 掌握高度与大气压的关系，掌握数字气压高度传感器的特性参数。

6. 掌握 PixHawk 飞控的性能测试方法。

7. 掌握六轴 IMU 传感器模块的功能测试方法。

能力目标

1. 会查找、整理文献资料。

2. 会测试 PixHawk 飞控性能。

3. 会测试 MPU – 6050 无人机传感器模块功能。

任务一 加速度传感器认知与校准

任务描述

加速度传感器又称为加速度计（Acceleration Transducer），是一种测量加速度的传感器。

20 世纪 40 年代初，德国人研制出了世界上第一个摆式加速度计。随后，由于航空、航天和航海领域对惯性测量元件的需求，出现了挠性加速度计、静电加速度计、振梁式加速度计、电磁加速度计等，其性能和精度都有了很大的提高。随着激光、光纤传感、微电子学和微制造等技术的发展，从 20 世纪 80 年代开始，先后出现了光纤加速度计、激光加速度计、微机械（Micro Eelectronic Mechanical Systems，MEMS）加速度计等。

MEMS 是指集机械元素、微型传感器、微型执行器以及信号处理和控制电路、接口电路、通信和电源于一体的完整微型机电系统。MEMS 加速度计的体积和质量大大缩小，一个 MEMS 加速度计仅有指甲盖大小。MEMS 加速度计具有体积小、重量轻、结构简单、成本低、能耗低、适于批量化生产、易于集成和实现智能化等优点。依据输入轴数目，MEMS 加速度计可分为单轴、双轴和三轴。三轴 MEMS 加速度计可以测量空间加速度，并能全面、准确地反映物体的运动性质，在航空航天、机器人、汽车和医学等领域应用广泛。

民用无人机加速度传感器一般都采用微机械加速度传感器，这种加速度传感器是集成在无人机飞控中的，无法用肉眼直接观察到加速度传感器的结构，也无法购买到单一的微机械加速度传感器。因此，本任务拟通过对一般工业用加速度传感器进行的特性调研来了解加速度传感器的种类、工作原理和特性；通过 PixHawk 飞控中的加速度传感器的校准和功能测试来了解加速度传感器在无人机飞行过程中所起的作用。

子任务一　加速度传感器特性调研

任务实施

任务实施步骤如下：

1）准备电容式加速度传感器。

2）查阅资料，小组总结汇报电容式传感器的种类、结构和工作过程。

3）查阅相关资料，收集加速度传感器的种类、型号、特点、特性参数等资料，总结常用加速度传感器的特性，填写表2-1。

表2-1　加速度传感器及其特性

加速度传感器类型	型号	供电电压	量程	单向灵敏度	三向灵敏度	工作温度范围	重复精度	频率范围	价格	其他

子任务二　PixHawk 飞控加速度传感器校准和功能测试

任务实施

1）准备 PixHawk 飞控、串口线、地面站 Mission Planner 软件、计算机等。

2）软、硬件连接。上电成功后，用数据线将飞控与计算机连接起来（图 2-1a），打开地面站 Mission Planner 软件，单击右上角的"连接"按钮，连接地面站，连接成功后如图 2-1b 所示。

3）机架布局选择。如图 2-2 所示，依次单击"初始设置""向导""X 型机架"，选择机架布局。

4）加速度传感器校准。加速度传感器的校准过程如图 2-3 所示，具体步骤如下：

① 将飞控正面朝上，水平放置，单击 Mission Planner 界面上的"开始"按钮，如图 2-3a 所示；

② 单击"继续"按钮，如图 2-3b 所示；

③ 将飞控左侧朝下，单击"继续"按钮，如图 2-3c 所示；

④ 将飞控右侧朝下，并单击"继续"按钮，如图 2-3d 所示；

a) 硬件连接

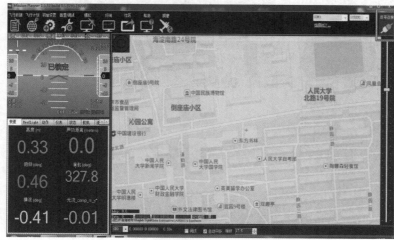

PixHawk 飞控加速
度传感器校准

b) 地面站连接

图 2-1 软、硬件连接

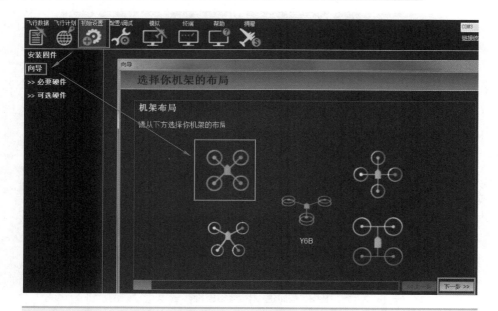

图 2-2 向导界面

⑤ 将飞控朝下（机头朝下），并单击"继续"按钮，如图 2-3e 所示；

⑥ 将飞控朝上（机头朝上），如图 2-3f 所示；

⑦ 将飞控正面朝下，并单击"继续"按钮，如图 2-3g 所示；

⑧ 软件提示加速度传感器校准成功，如图 2-3h 所示，单击"Next"按钮即进入电子罗盘校准界面。

a)

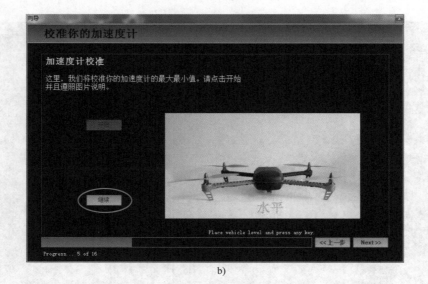

b)

图 2-3 加速度传感器校准步骤

c)

d)

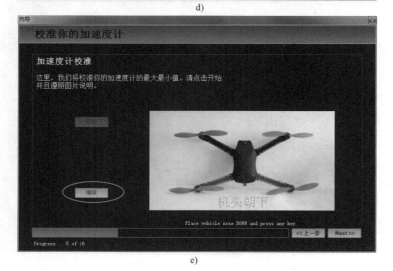

e)

图 2-3 加速度传感器校准步骤（续）

f)

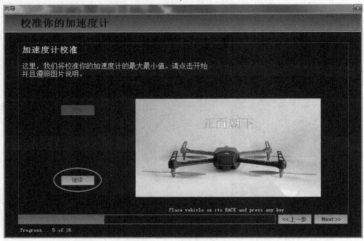

g)

h)

图 2-3 加速度传感器校准步骤（续）

5）加速度传感器功能测试。在无人机飞行过程中，操控者更关注无人机当前的速度，而非加速度，因此需要将加速度传感器检测到的加速度换算成速度显示给操控者。校准过程完成后，上、下移动飞控，如果图 2-4 所示 Mission Planner 软件界面左下角的升降速度随着飞控的移动而变化，则说明加速度传感器校准成功，加速度传感器工作正常。

图 2-4　Mission Planner 软件界面的升降速度变化

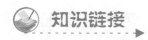

一、电位器式加速度传感器

电位器式传感器不仅可以测量加速度，还可以测量位移、压力、容量、高度等多种物理量，且具有结构简单、尺寸小、质量轻、价格便宜、精度高、性能稳定、输出信号大、受环境影响小等优点，因而在自动监测与自动控制中有广泛的应用。

电位器式加速度计的工作原理如下。

电位器式加速度传感器的种类及特点

（1）线性电位器　线性电位器是由绕于骨架上的电阻丝线圈、沿电位器滑动的滑臂和安装在滑臂上的电刷组成的。线性电位器骨架截面处处相等，电阻丝的截面均匀，等节距地缠绕在骨架上。图 2-5 所示为直线位移电位器式传感器。

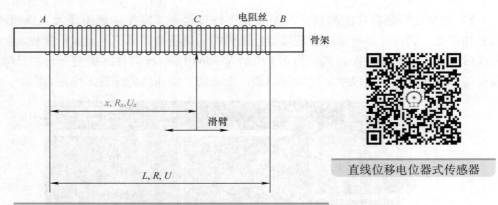

直线位移电位器式传感器

图 2-5　直线位移电位器式传感器

假定全长为 L 的电位器其总电阻为 R，电阻沿长度的分布是均匀的，则当滑臂由 A 点向 B 点移动距离 x 至 C 点时，A 点到电刷间的电阻值为

$$R_x = \frac{x}{L}R \qquad (2\text{-}1)$$

若加在电位器 A、B 两端的电压为 U，则 A、C 间的输出电压为

$$U_x = \frac{x}{L}U \qquad (2\text{-}2)$$

因此，根据式（2-2）可计算滑臂由 A 点向 C 点移动的距离，则加速度的计算公式为

$$a = \frac{\mathrm{d}x}{\mathrm{d}t} \qquad (2\text{-}3)$$

式中　t——时间（s）。

对于图 2-6 所示的电位器式角度传感器，其电阻与角度的关系为

$$R_\alpha = \frac{\alpha}{\theta}R \qquad (2\text{-}4)$$

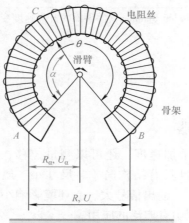

电位器式角度传感器

图 2-6　电位器式角度传感器

其输出电压与角度的关系为

$$U_\alpha = \frac{\alpha}{\theta}U \qquad (2\text{-}5)$$

根据式（2-5）可计算滑臂由 A 点向 C 点绕过的角度 α，则角加速度的计算公式为

$$a_\alpha = \frac{\mathrm{d}\alpha}{\mathrm{d}t} \qquad\qquad (2\text{-}6)$$

（2）非线性电位器　非线性电位器是指在空载时其输出电压（或电阻）与电刷行程之间具有非线性函数关系的一种电位器，也称函数电位器。它可以实现指数函数、对数函数、三角函数及其他任意函数关系，因此可满足控制系统的特殊要求，也可满足传感、检测系统最终获得线性输出的要求。

常用的非线性线绕电位器有变骨架式、变节距式、分路电阻式和电位给定式四种。图 2-7 所示为一种变骨架高度式非线性电位器。它是在保持电位器结构参数、导线电阻率、导线截面和绕线节距不变的情况下，只改变骨架宽度或高度，来实现非线性函数关系的。

理论上非线性线绕电位器可以实现所要求的多种函数特性，但由于结构和工艺的原因，对于其所实现的特性有一定的限制。为保证强度，骨架的最小高度 h_{min} 应为 3～4mm；为了防止绕制时产生倾斜和打滑，也为了减小测量误差，骨架侧面坡度角应小于 30°。为减小坡度，可采用对称骨架，如图 2-8 所示。

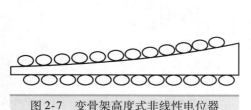

图 2-7　变骨架高度式非线性电位器

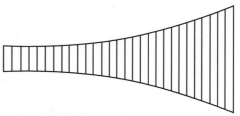

图 2-8　对称变骨架高度式非线性电位器

（3）电位器式加速度传感器的工程应用

图 2-9 所示为电位器式加速度传感器，惯性质量块在被测加速度的作用下，使片状弹簧产生与加速度成正比的位移，从而引起电刷在电阻元件上的滑动，输出与加速度成比的电压信号。

电位器式加速度传感器

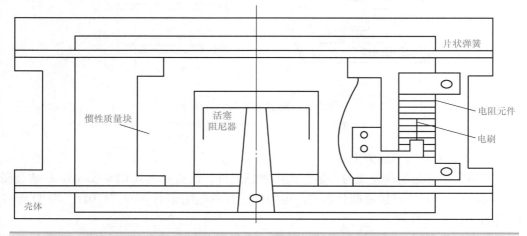

图 2-9　电位器式加速度传感器

电位器式加速度传感器的优点是结构简单、价格低廉、性能稳定，能在恶劣的环境条件下工作，输出信号大，因此得到了广泛应用。但它的测量精度不高，动态响应较差，不适于测量快速变化量。

二、电阻应变式加速度传感器

电阻应变式传感器可测量位移、加速度、力、力矩、压力等各种参数。它具有结构简单、使用方便、性能稳定、可靠性好、灵敏度高、测量速度快等优点，广泛应用于航空、机械、电力、化工、建筑、医学等领域。

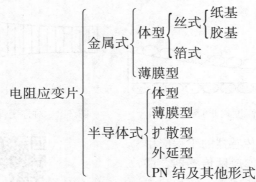

应变式加速度传感器

1. 电阻应变片的种类与结构

电阻应变片（简称应变片或应变计）种类多、形式多，分类方法多样，主要的分类方法是根据敏感元件的不同，分为金属式和半导体式两大类，按敏感元件的形态又可进一步分为如下类型：

$$
\text{电阻应变片}
\begin{cases}
\text{金属式}
\begin{cases}
\text{体型}
\begin{cases}
\text{丝式}
\begin{cases}
\text{纸基}\\
\text{胶基}
\end{cases}\\
\text{箔式}
\end{cases}\\
\text{薄膜型}
\end{cases}\\
\text{半导体式}
\begin{cases}
\text{体型}\\
\text{薄膜型}\\
\text{扩散型}\\
\text{外延型}\\
\text{PN 结及其他形式}
\end{cases}
\end{cases}
$$

（1）丝式应变片　丝式应变片是将电阻丝绕制成敏感栅黏结在各种绝缘基底上而制成的，是一种常用的应变片，其基本结构如图 2-10 所示。

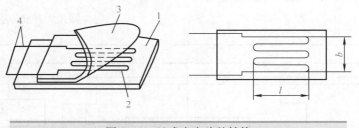

图 2-10　丝式应变片的结构

1—基底　2—电阻丝　3—覆盖层　4—引线

丝式应变片主要由四部分组成。

1）敏感栅。它是实现应变与电阻转换的敏感元件，由直径为 $0.015 \sim 0.05\text{mm}$ 的金属细丝绕成栅状或用金属箔腐蚀成栅状制成。电阻应变片的电阻值有 60Ω、120Ω、200Ω 等各种规格，以 120Ω 最为常用。

2）基底和覆盖层。基底用于保持敏感栅、引线的几何形状和相对位置。覆盖层既可保持敏感栅和引线的形状和相对位置，又可保护敏感栅。

3）黏结剂。它用于将覆盖层和敏感栅固定于基底上，同时用于将应变片基底粘贴在试件表面某个方向和位置上，也起着传递应变的作用。

4）引线。它是从应变片的敏感栅中引出的细金属线，常用直径为 0.1~0.15mm 的镀锡铜线或扁带形的其他金属材料制成。

（2）箔式应变片　箔式应变片是利用照相制版或光刻腐蚀的方法，在绝缘基底下将电阻箔材制成各种图形而成的应变片，如图 2-11 所示。

箔材厚度多为 0.001~0.01mm。箔式应变片的应用日益广泛，在常温条件下已逐步取代了丝式应变片。

它具有以下几个主要优点。

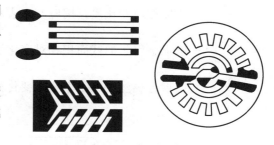

图 2-11　箔式应变片

1）制造技术能保证敏感栅尺寸准确、线条均匀，可以制成任意形状，以适应不同的测量要求。

2）敏感栅薄而宽，黏结情况好，传递试件应变性能好。

3）散热性能好，允许通过较大的工作电流，从而可增大输出信号。

4）敏感栅弯头横向效应可以忽略。

5）蠕变、机械滞后较小，疲劳寿命长。

（3）薄膜型应变片　薄膜型应变片是薄膜技术发展的产物，其厚度在 0.1μm 以下。它采用真空蒸发或真空沉积等方法，在基底上将电阻材料制成一层各种形式的敏感栅而形成应变片。这种应变片灵敏系数高，易实现工业化生产，是一种很有前途的新型应变片。目前，其实际使用中存在的主要问题是尚难控制其电阻与温度和时间的变化关系。

（4）半导体式应变片　半导体式应变片的优点是尺寸、横向效应、机械滞后都很小，灵敏系数极大，因而输出信号也大，可以不需放大器直接与记录仪器连接，使得测量系统简化；缺点是电阻值和灵敏系数的强度稳定性差，测量较大的应变时非线性严重，灵敏系数随受拉或受压而变化，且分散度大，一般为 3%~5%，因而使测量结果有 ±(3~5)% 的误差。

2. 电阻的应变效应

电阻应变片是基于金属的电阻应变效应工作的，即金属丝的电阻随着它所受的机械变形（拉伸或压缩）的大小而发生相应变化。

金属丝的电阻随着应变而产生变化的原因是金属丝的电阻与材料的电阻率及其几何尺寸有关，而金属丝在承受机械变形的过程中，这两者都要发生变化，因而引起金属丝的电阻变化。

设有一根金属丝，未受力时的原始电阻值为

$$R = \rho \frac{l}{S} \tag{2-7}$$

式中　R——金属丝的电阻（Ω）；

ρ——金属丝的电阻率（Ω·m）；

l——金属丝的长度（m）；

S——金属丝的截面积（m^2）。

如图 2-12 所示，当金属丝受到拉力时，将伸长 ΔL，横截面积相应减小 ΔS，电阻率将因晶格发生变形等因素而改变 $\Delta \rho$，故引起电阻值的相对变化量为

$$\frac{\Delta R}{R} = \frac{\Delta L}{L} - \frac{\Delta S}{S} + \frac{\Delta \rho}{\rho} \tag{2-8}$$

式中 $\dfrac{\Delta L}{L}$ ——长度相对变化量，用应变 ε 表示；

$\dfrac{\Delta S}{S}$ ——圆形金属丝的截面积相对变化量；

$\dfrac{\Delta \rho}{\rho}$ ——圆形金属丝的电阻率相对变化量。

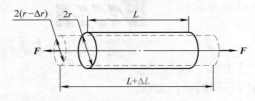

电阻的应变效应

图 2-12　金属丝的应变效应

根据材料力学相关知识可知，在弹性范围内，金属丝受拉力时，沿轴向伸长，沿径向缩短，则轴向应变和径向应变的关系可表示为

$$\frac{\Delta r}{r} = -\mu \frac{\Delta L}{L} = -\mu \varepsilon \tag{2-9}$$

式中 r——金属丝的半径；

μ——金属丝材料的泊松比，负号表示与轴向应变方向相反。

将式（2-9）代入式（2-8），可得

$$\frac{\Delta R}{R} = \left[(1 + 2\mu) + \frac{\frac{\Delta \rho}{\rho}}{\varepsilon} \right] \varepsilon \tag{2-10}$$

通常把单位应变能引起的电阻值的相对变化量称为金属丝的灵敏度系数 K，表达式为

$$K = (1 + 2\mu) + \frac{\frac{\Delta \rho}{\rho}}{\varepsilon} \tag{2-11}$$

由式（2-11）可知，金属丝的灵敏度系数 K 受两个因素影响：第一项 $(1 + 2\mu)$，它是由于金属丝受拉伸后，材料的几何尺寸发生变化而引起的；第二项 $\dfrac{\frac{\Delta \rho}{\rho}}{\varepsilon}$，它是由于材料发生变形时，其自由电子的活动能力和数量均发生变化的缘故，可能为正，也可能为负，但作为应变片材料都选为正值，否则会降低灵敏度。对于金属丝，电阻的变化主要由材料的几何形变引起。

由式（2-10）和式（2-11）可知

$$\frac{\Delta R}{R} = K \varepsilon \tag{2-12}$$

K 越大，单位变形引起的电阻相对变化越大，灵敏度越高。

3. 横向效应

当将图 2-13 所示的应变片粘贴在被测试件上时，由于其敏感栅是由 n 条长度为 l_1 的直线段和直线段端部的 $n-1$ 个半径为 r 的半圆弧或直线组成的，若该应变片承受轴向应力而产生纵向拉应变，其电阻的变化将小于沿轴向安放的同样长度电阻丝电阻的变化。

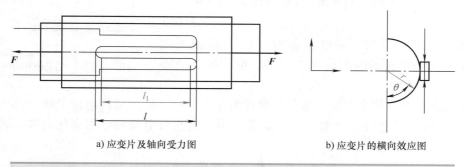

a) 应变片及轴向受力图　　　　b) 应变片的横向效应图

图 2-13　应变片轴向受力及横向效应

将直的电阻丝绕成敏感栅后，虽然长度不变，但应变状态不同，应变片敏感栅的电阻变化减小，因而其灵敏度系数 K 较整长电阻的灵敏度系数 K_0 小，这种现象称为应变片的横向效应。

为了减小横向效应产生的测量误差，现在一般多采用箔式应变片。

4. 应变片测量原理

用应变片测量应变或应力时，是将应变片粘贴于被测对象上的。在外力作用下，被测对象表面产生微小的机械变形，粘贴在其表面上的应变片也随之发生相同的变化，因此应变片的电阻也发生相应的变化。如果应用仪器测出应变片的电阻值变化 ΔR，则根据式（2-12），可以得到被测对象的应变值 ε，根据应力 – 应变关系可以得到应力值 σ

$$\sigma = E\varepsilon \tag{2-13}$$

式中　σ——试件的应力；

　　　ε——试件的应变；

　　　E——弹性模量。

通过弹性敏感元件的转换作用，可将位移、力、力矩、加速度、压力等参数转换为应变，因此可以将应变片由测量应变扩展到测量上述参数，从而形成各种电阻应变式传感器。

5. 测量电路

由于弹性元件产生的机械变形微小，引起的应变量 ε 也很微小（通常在 $5000\mu m$ 以下），从而引起的电阻应变片的电阻变化率 $\dfrac{\Delta R}{R}$ 也很小。为了把微小的电阻变化率反映出来，必须采用测量电桥，把应变电阻的变化转换成电压或电流的变化，从而达到精确测量的目的。

（1）直流电桥的工作原理　图 2-14 所示为一直流供电的平衡电阻电桥，它的四个桥臂由电阻 R_1、R_2、R_3、R_4 组成。E 为直流电源，接入电桥的两个顶点，从电桥的另两个顶点得到输出，输出电压为 U_o。

当电桥输出端开路时，根据分压原理，电阻 R_1 两端的电压 $U_1 = \dfrac{R_1}{R_1 + R_2}E$，电阻 R_3 两端的电压 $U_3 = \dfrac{R_3}{R_3 + R_4}E$，则输出端电压 U_o 为

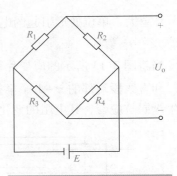

$$U_\mathrm{o} = U_1 - U_3 = \frac{R_1 E}{R_1 + R_2} - \frac{R_3 E}{R_3 + R_4} = \frac{R_1 R_4 - R_2 R_3}{(R_1 + R_2)(R_3 + R_4)}E$$

$$(2\text{-}14)$$

由式（2-14）可知，若电桥各桥臂电阻满足条件 $R_1 R_4 = R_2 R_3$，则电桥的输出电压 U_o 为 0，电桥处于平衡状态。

图 2-14　直流电阻电桥电路

（2）电阻应变片测量电桥　电阻应变片测量电桥在工作前应使电桥平衡（称为预调平衡），以使工作时的电桥输出电压只与应变片感受应变所引起的电阻变化有关。其初始条件为

$$R_1 = R_4 = R_2 = R_3 = R$$

1）电阻应变片单臂工作直流电桥。电阻应变片单臂工作直流电桥只有一只应变片 R_1 接入，如图 2-15 所示，测量时应变片的电阻变化为 ΔR。电路输出端电压为

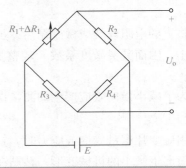

$$U_\mathrm{o} = \frac{(R_1 + \Delta R_1)R_4 - R_2 R_3}{(R_1 + \Delta R_1 + R_2)(R_3 + R_4)}E$$

即

$$U_\mathrm{o} = \frac{R \Delta R}{2R(2R + \Delta R)}E \qquad (2\text{-}15)$$

一般情况下，$\Delta R \ll R$，所以

图 2-15　电阻应变片单臂工作直流电桥

$$U_\mathrm{o} \approx \frac{R \Delta R}{2R(2R)}E = \frac{E}{4}\frac{\Delta R}{R} \qquad (2\text{-}16)$$

因为 $\dfrac{\Delta R}{R} = K\varepsilon$，则式（2-16）可写为

$$U_\mathrm{o} = \frac{E}{4}K\varepsilon \qquad (2\text{-}17)$$

2）电阻应变片双臂直流电桥（半桥）。半桥电路中用两只应变片，把两只应变片接入电桥的相邻两个桥臂。根据被测试件的受力情况，一只应变片受拉力，一只应变片受压力，如图 2-16 所示。使两个桥臂的应变片的电阻变化大小相同、方向相反，即处于差动工作状态，此时输出端电压为

$$U_\mathrm{o} = \frac{(R_1 + \Delta R_1)R_4 - (R_2 - \Delta R_2)R_3}{(R_1 + \Delta R_1 + R_2 - \Delta R_2)(R_3 + R_4)}E \qquad (2\text{-}18)$$

若 $\Delta R_1 = \Delta R_2 = \Delta R$ 则

$$U_\mathrm{o} = \frac{2R \Delta R}{2R(2R)}E = \frac{E \Delta R}{2R} \qquad (2\text{-}19)$$

同理，式（2-19）可写为

$$U_o = \frac{E}{2}K\varepsilon \tag{2-20}$$

3）电阻应变片直流全桥电路。把 4 只应变片接入电桥，并且差动工作，即两只应变片受拉，另外两只应变片受压，如图 2-17 所示，则

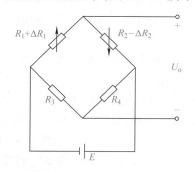

图 2-16　电阻应变片双臂直流电桥

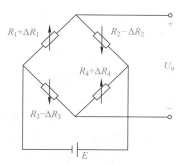

图 2-17　电阻应变片直流全桥电路

$$U_o = \frac{(R_1 + \Delta R_1)(R_4 + \Delta R_4) - (R_2 - \Delta R_2)(R_3 - \Delta R_3)}{(R_1 + \Delta R_1 + R_2 - \Delta R_2)(R_3 - \Delta R_3 + R_4 + \Delta R_4)}E \tag{2-21}$$

若 $R_1 = R_2 = R_3 = R_4 = R$，$\Delta R_1 = \Delta R_2 = \Delta R_3 = \Delta R_4 = \Delta R$ 则

$$U_o = \frac{4R\Delta R}{2R(2R)}E = \frac{\Delta R}{R}E = EK\varepsilon \tag{2-22}$$

对比式（2-17）、式（2-20）、式（2-22）可知，用直流电桥做应变的测量电路时，电桥输出电压与被测应变量成线性关系，而在相同条件下（供电电源和应变片的型号不变），差动工作电路输出信号大，半桥差动电路的输出是单臂直流电桥输出的 2 倍，全桥差动电路输出是单臂直流电桥输出的 4 倍。即全桥工作时，输出电压最大，检测的灵敏度最高。

若全桥工作时，各应变片的应变所引起的电阻变化不等，即分别为 ΔR_1、ΔR_2、ΔR_3、ΔR_4，将其代入式（2-21），可得全桥工作时的输出电压为

$$U_o = \frac{E}{4}\left[\frac{\Delta R_1}{R_1} + \frac{\Delta R_2}{R_2} + \frac{\Delta R_3}{R_3} + \frac{\Delta R_4}{R_4}\right] = \frac{E}{4}K(\varepsilon_1 + \varepsilon_2 + \varepsilon_3 + \varepsilon_4) \tag{2-23}$$

在式（2-23）中，ε 可以是轴向应变，也可以是径向应变。当应变片的粘贴方向确定后，若为压应变，则 ε 以负值代入；若是拉应变，则 ε 以正值代入。

6. 电阻应变片的温度误差及其补偿

测量时，希望电阻应变片的电阻值仅随应变 ε 变化，而不受其他因素的影响，但是温度变化所引起的电阻值变化与试件应变所造成的电阻值变化几乎处于相同的数量级。为了消除温度误差，可采取以下温度补偿措施。

（1）单丝自补偿应变片　这种方法是通过选配敏感栅材料的电阻温度系数 α、线膨胀系数 β_s 以及被测试件材料的线膨胀系数 β_g 来实现温度补偿。

使电阻应变片在温度变化时电阻误差为零的条件是

$$\alpha + K(\beta_g - \beta_s) = 0 \tag{2-24}$$

β_g 可在有关材料手册中查到。在选择电阻应变片时，只要使敏感栅的 α 和 β_s 满足上述条件即可。

单丝自补偿应变片的优点是结构简单，制造和使用都比较方便，但不容易做到 α、β_s 和 β_g 相匹配，因此局限性很大。

（2）双丝组合式自补偿应变片　这种应变片也称为组合式自补偿应变计，由两种电阻温度系数符号不同（一个为正，一个为负）的电阻丝材料组成。将两者串联绕制成敏感栅，若两段敏感栅的电阻 R_1 和 R_2 由于温度变化而产生的电阻值变化分别为 ΔR_1 和 ΔR_2，且大小相等、符号相反，就可实现温度补偿。

（3）桥式电路补偿法　桥式电路补偿法也称为补偿片法。它测量应变时，使用两只应变片，一只贴在被测试件的表面，一只贴在与被测试件材料相同的补偿块上（图 2-18），称为补偿应变片。在工作过程中，补偿块不承受应变，仅随温度产生变形。当温度发生变化时，工作片 R_1 和补偿片 R_2 的电阻值都发生变化，而它们的温度变化相同。R_1 和 R_2 为同类应变片，又贴在相同的材料上，因此 R_1 和 R_2 的变化也相同，即 $\Delta R_1 = \Delta R_2$。如图 2-18 所示，R_1 和 R_2 分别接入相邻的两桥臂，则因温度变化引起的电阻变化 ΔR_1 和 ΔR_2 的作用相互抵消，这样就起到了温度补偿的作用。

桥式电路补偿法的优点是简单、方便，在常温下补偿效果较好。其缺点是在温度变化梯度较大的条件下，很难做到工作片与补偿片处于温度完全一致的情况，因而会影响补偿效果。

（4）热敏电阻补偿　如图 2-19 所示，热敏电阻 R_t 与应变片处在相同的温度下，当应变片的灵敏度随温度升高而下降时，热敏电阻 R_t 的阻值下降，使电桥的输入电压随温度升高而增加，从而提高电桥的输出电压。选择合适的分流电阻 R_5 的值，可以使应变片灵敏度下降，对电桥输出的影响得到很好的补偿。

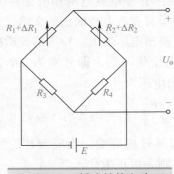

图 2-18　桥式补偿电路

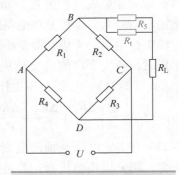

图 2-19　热敏电阻补偿电路

三、压阻式加速度传感器

压阻式加速度传感器是通过间接测量电阻两端电压值的变化来测量加速度的。在外力作用下，单晶硅膜片发生细小形变，其原子内部电子能级发生变化，从而发生剧烈的电阻率变化，进而改变输出电信号。

压阻式加速度传感器具有体积小、低功耗等特点，易于集成在各种模拟和数字电路中。

1. 压阻效应与压阻系数

半导体材料受到应力作用时，其电阻率会发生变化，这种现象称为压阻效应。

常见的半导体应变片采用锗和硅等半导体材料作为敏感栅。根据压阻效应，半导体和金属丝同样可以把应变转换成电阻的变化。

金属应变中讨论的公式$\frac{\Delta R}{R} = (1 + 2\mu)\varepsilon + \frac{\Delta \rho}{\rho}$同样适用于半导体材料。这是因为，由几何变形而引起的电阻变化主要由电阻变化率决定，即

$$\frac{\Delta R}{R} \approx \frac{\Delta \rho}{\rho} = \pi\sigma = \pi E\varepsilon \qquad (2-25)$$

压阻效应

于是，有

$$\frac{\Delta R}{R} = \pi\sigma = \pi E\varepsilon \qquad (2-26)$$

式中　π——压阻系数；

　　　σ——应力；

　　　E——弹性模量。

当硅膜片承受外应力时，同时产生纵向（扩散电阻长度方向）压阻效应和横向（扩散电阻宽度方向）压阻效应，则有

$$\frac{\Delta R}{R} = \pi_r\sigma_r + \pi_t\sigma_t \qquad (2-27)$$

式中　π_r、π_t——纵向压阻系数和横向压阻系数，其大小由所扩散电阻的晶相来决定；

　　　σ_r、σ_t——纵向应力和横向应力（切向应力），其状态由扩散电阻的位置决定。

半导体应变片的灵敏度系数为

$$K = \frac{\Delta R/R\Delta R}{\varepsilon_x R} = \pi E \qquad (2-28)$$

对扩散硅压力传感器，敏感元件通常都是周边固定的圆膜片。如果膜片下部受均匀分布的压力作用，在圆膜的中心处具有最大的正应力（拉应力），且纵向应力和横向应力相等；在圆膜的边缘处，纵向应力 σ_r 为最大的负应力（压应力）。

2. 测量原理

在膜片上布置如图 2-20 所示的 4 个等值电阻。利用纵向应力 σ_r，其中两个电阻 R_2、R_3处于 $r < 0.635r_0$ 位置，受拉应力；而另外两个电阻 R_1、R_4处于 $r > 0.635r_0$ 位置，受压应力。

只要电阻位置合适，即可满足

$$\frac{\Delta R_2}{R_2} = \frac{\Delta R_3}{R_3} = -\frac{\Delta R_1}{R_1} = -\frac{\Delta R_4}{R_4} \qquad (2-29)$$

这样就可以形成差动效果，通过测量电路，获得最大的电压输出灵敏度。

图 2-20　膜片上电阻布置图

3. 温度补偿

压阻式加速度传感器受到温度影响后，会引起零位漂移和灵敏度漂移，因而会产生温度误差。这是因为，在压阻式加速度传感器中，扩散电阻的温度系数较大，电阻值随温度变化而变化，故引起传感器的零位漂移。当温度升高时，压阻系数减小，则传感器的灵敏度减

小；反之，灵敏度增大。

零位漂移一般可用串联电阻的方法进行补偿，如图2-21所示。

串联电阻 R_S 主要起调零作用，并联电阻 R_p 则主要起补偿作用。例如，温度上升，R_2 的增量较大，则 A 点电位高于 C 点电位，$V_A - V_C$ 就是零位漂移。在 R_2 上并联负温度系数的阻值较大的电阻 R_p，则可约束 R_2 的变化，从而实现补偿，以消除此温度差。

当然，如果在 R_3 上并联一个正温度系数的阻值较大的电阻，也是可行的。在电桥的电源回路中串联的二极管电压是补偿灵敏度漂移的。二极管的 PN 结为负温度特性，温度升高，压降减小。这样，当温度升高时，二极管正向压降减小，因电源采用恒压源，则电桥电压必然提高，使输出变大，以补偿灵敏度的下降。

图 2-21 温度补偿电路

4. 压阻式加速度传感器的结构与工作原理

图2-22所示为悬臂梁压阻式加速度传感器，它的悬臂梁直接用单晶硅制成，在悬臂梁的根部上、下两面各扩散两个等值电阻，并构成惠斯通电桥。当梁的自由端的惯性质量块受到加速度作用时，悬臂梁因惯性力的作用产生弯矩而发生变形，同时产生应变，使扩散电阻的电阻值变化，电桥便有与加速度成比例的电压输出。

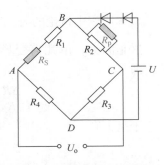

压阻式加速度传感器

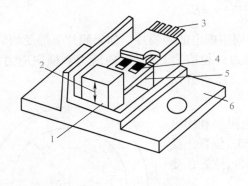

a) 结构示意图

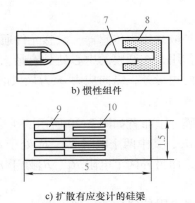

b) 惯性组件

c) 扩散有应变计的硅梁

图 2-22 悬臂梁压阻式加速度传感器

1、8—惯性质量块 2—振动方向 3—电极 4—敏感元件 5、7—悬臂梁

6—基座 9—金属化电路 10—扩散应变计

这种压阻式加速度传感器具有微型化固态整体结构，性能稳定可靠；灵敏度高，可达 $0.2mV/g$；准确度高，可达 2%；频带宽，为 $0 \sim 500Hz$；固有频率为 $2kHz$；量程大，可测最大加速度为 $100g$ 等优点。它的质量只有 $0.5g$，适合于对小构件的精密测试，也可用于冲击测量。

如图2-23所示为闭环压阻式加速度传感器结构图。它适合于某些特殊场合，如高精度、高动态范围的应用。它能对敏感质量进行力反馈，使得在工作范围内敏感质量所感受的由外界加速度引起的惯性力与反馈力处于大小相等、方向相反的状态，所以又称其为力平衡式加速度传感器。

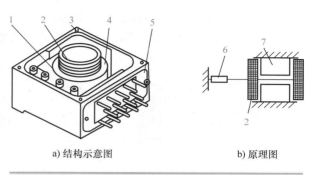

a) 结构示意图　　　　b) 原理图

图 2-23　闭环压阻式加速度传感器结构图
1—硅梁组件　2—力矩器线圈　3—壳体　4—下磁路组建
5—插头座　6—压阻电桥　7—力矩器磁钢

这种传感器的弹性元件是单晶硅制成的硅梁组件 1，在它的自由端上、下两面上，对称地连接着两个力矩器线圈 2，这两个线圈分别空套在上、下两个力矩器磁钢 7 与轭铁（图中未画出）形成的环形工作气隙中。在硅梁组件 1 上还扩散有压阻电桥 6。当传感器感受到外界加速度时，与硅梁组件自由端连接的力矩器线圈受到惯性力的作用，使得硅梁组件发生应变，在硅梁根部的力敏电阻电桥输出电信号。这个信号经放大、整流后再输出时，也把相应的直流电流反馈到力矩器线圈中，经与永磁体磁场相互作用，而产生一个与惯性力大小相等、方向相反的平衡力，作用于硅梁自由端，从而实现零位检测。

由于采用力平衡工作方式，弹性硅梁没有过大的挠度，因而有利于提高动态频率响应特性和改善线性。此外，它还具有自检功能。

闭环压阻式加速度传感器的特点是精度高，动态范围大，结构复杂，质量和尺寸都相对较大，故成本也较高。

四、电容式加速度传感器

电容式传感器是一种将被测非电量的变化转换为电容量变化的传感器。它具有结构简单、体积小、分辨率高的特点，可非接触测量，并能在高温、辐射和强烈振动等恶劣条件下工作。电容式传感器可用于压力、差压、液位、加速度等的测量。

电容式加速度传感器

1. 变极距型电容式传感器的结构形式

由绝缘介质分开的两个平行金属板组成的平板电容器，如果不考虑边缘效应，其电容量为

$$C = \frac{\varepsilon S}{d} \qquad (2\text{-}30)$$

式中　ε——电容极板间介质的介电常数，$\varepsilon = \varepsilon_0 \varepsilon_r$，其中 ε_0 为真空介电常数，ε_r 为极板间介质的相对介电常数；

S——两平行板所覆盖的面积；

d——两平行板之间的距离。

当式（2-30）中的 S、d 或 ε 发生变化时，电容量 C 也随之变化。如果保持其中两个参数不变，而仅改变其中一个参数，就可把该参数的变化转换为电容量的变化，通过测量电路就可转换为电量输出。因此，电容式传感器可分为变极距型、变面积型和变介电常数型三种。

图 2-24 所示为常用电容器的结构形式，其中，图 2-24a、e 为变极距型，图 2-24b、c、d、f、g、h 为变面积型，图 2-24i ~ l 则为变介电常数型。

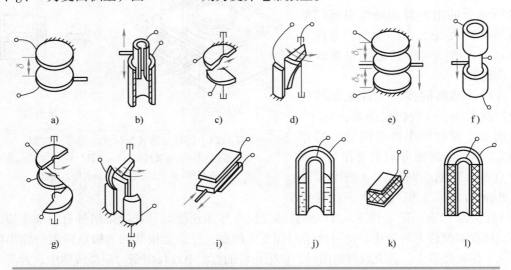

图 2-24　电容器的结构形式

2. 变极距型电容式传感器的原理

图 2-25 所示为变极距型电容式传感器原理图。当传感器的 ε_r 和 S 为常数，初始极距为 d_0 时，由式（2-30）可知，其初始电容量 C_0 为

$$C_0 = \frac{\varepsilon_0 \varepsilon_r S}{d_0} \tag{2-31}$$

若电容器极板间距离由初始值 d_0 缩小了 Δd，电容量增大了 ΔC，则有

$$C = C_0 + \Delta C = \frac{\varepsilon_0 \varepsilon_r S}{d_0 - \Delta d} = \frac{C_0}{1 - \dfrac{\Delta d}{d_0}} = \frac{C_0 \left(1 + \dfrac{\Delta d}{d_0} \right)}{1 - \left(\dfrac{\Delta d}{d_0} \right)^2} \tag{2-32}$$

由式（2-32）可知，传感器的输出特性不是线性关系，而是如图 2-26 所示的曲线关系。

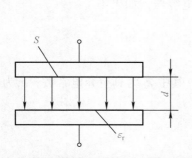

图 2-25　变极距型电容式传感器原理图

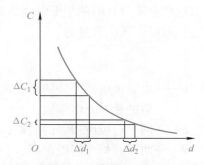

图 2-26　电容量与极板间距离的关系曲线

在式（2-32）中，若 $\Delta d / d_0 \ll 1$，$1 - (\Delta d / d_0)^2 \approx 1$，则式（2-32）可以简化为

$$C = C_0 + C_0 \frac{\Delta d}{d_0} \tag{2-33}$$

此时，C 与 Δd 近似成线性关系，所以变极距型电容式传感器只有在 $\Delta d/d_0$ 很小时，才有近似的线性关系。

由式（2-33）可以看出，在 d_0 较小时，对于同样的 Δd 变化所引起的 ΔC 可以增大，从而使传感器灵敏度提高。但 d_0 过小，容易引起电容器击穿或短路。为此，极板间可采用高介电常数的材料（云母、塑料膜等）作为介质，如图 2-27 所示，此时电容 C 变为

图 2-27　放置云母片的电容器

$$C = \frac{S}{\dfrac{d_g}{\varepsilon_0 \varepsilon_g} + \dfrac{d_0}{\varepsilon_0}} \tag{2-34}$$

式中　ε_g——云母的相对介电常数，$\varepsilon_g = 7$；

ε_0——空气的介电常数，$\varepsilon_0 = 1$；

d_0——空气隙厚度；

d_g——云母片的厚度。

云母的相对介电常数是空气的 7 倍，其击穿电压不小于 1000kV/mm，而空气仅为 3kV/mm，因此有了云母片，极板间的起始距离可大大减小。同时，式（2-34）中的 $d_g/(\varepsilon_g \varepsilon_0)$ 是恒定值，它能使传感器输出特性的线性度得到改善。

一般变极距型电容式传感器的起始电容为 20～100pF，极板间距离在 25～200μm 范围内，最大位移应小于间距的 1/10，故在微位移测量中应用最广。

电容式加速度传感器
工程应用

3. 变极距型电容式加速度传感器的种类

电容式加速度传感器的结构形式一般也采用弹簧质量系统。其工作原理为质量块受加速度作用产生运动，从而改变质量块与固定电极之间的间隙，进而使电容值变化。

电容式加速度传感器与其他类型的加速度传感器相比具有灵敏度高、零频响应、环境适应性好等特点，尤其是受温度的影响比较小。但其不足之处表现在信号的输入与输出为非线性，量程有限，受电缆的电容影响，以及传感器本身是高阻抗信号源，因此输出信号往往需通过后继电路进行改善。

（1）差动式电容加速度传感器　图 2-28 所示为差动式电容加速度传感器结构图。它有两个固定电极（与壳体绝缘），中间有个用弹簧片支撑的质量块，质量块的两个端面经过磨平抛光后作为可动极板（与壳体电连接）。

差动式电容加速
度传感器

当传感器壳体随被测对象沿垂直方向做直线加速运动时，质量块在惯性空间中相对静止，两个固定电极将相对于质量块在垂直方向上产生大小正比于被测加速度的位移。这个位移使两电容的间隙发生变化，一个增加、一个减小，从而使 C_1、C_2 产生大小相等、符号相反的增量，

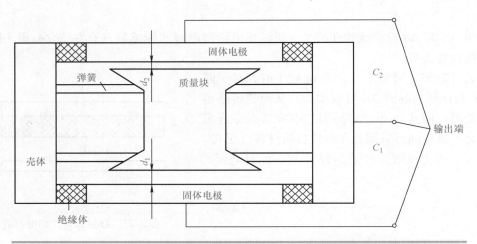

图 2-28　差动式电容加速度传感器结构图

此增量正比于被测加速度。

　　差动式电容加速度传感器的主要特点是频率响应快和量程范围大，大多采用空气或其他气体作为阻尼物质。

　　（2）三明治式电容式 MEMS 加速度传感器　三明治式电容式 MEMS 加速度传感器的基本结构如图 2-29 所示，主要包括上、中、下 3 个电容极板。中间的电容极板是一种悬臂梁结构，并且质量很大，当其上的速度变化（或加速度）足够大时，它所受的惯性力就会超过固定或支撑它的力，因此发生位置移动，从而使上、下电容极板之间的距离发生改变，导致电容值改变。将电容的变化值由一个电子晶片转变成电压信号，再经放大、转换、零点校正和灵敏度校正等处理后，即可输出对应的加速度信息。

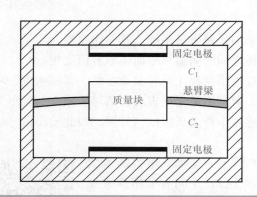

图 2-29　三明治式电容式 MEMS 加速度传感器结构示意图　　　三明治式电容式 MEMS 加速度传感器

　　电容式 MEMS 加速度传感器既能测到动态加速度又能测量到静态加速度，所以应用较为广泛。

　　目前，电容式 MEMS 加速度传感器产品较多，无人机上使用的电容式 MEMS 加速度传感器主要有飞思卡尔（Freescale）公司生产的 MMA7260 电容式加速度传感器，美国模拟器件公司（ADI）生产的加速度传感器 ADXL 系列等。

在实际应用中，电容式加速度传感器较多地用于低频测量，其通用性不如压电式加速度传感器，且成本也比压电式加速度传感器高得多。

五、压电式加速度传感器

1. 压电效应及压电材料

某些电介质（晶体），当沿着一定方向对其施加力时，其内部会产生极化现象，同时在其两个表面上会产生符号相反的电荷，当去掉外力后，其又重新恢复为不带电状态，这种现象称为压电效应。当作用力方向改变后，电荷的极性也随之改变。这种机械能转换为电能的现象被称为正压电效应。相反，当在电介质极化方向上施加电场时，这些电介质也会产生几何变形，这种现象称为逆压电效应（电致伸缩效应）。

如图 2-30 所示为压电效应的相互转换作用示意图，它既可以将机械能转化成电能，也可以将电能转化成机械能。

压电效应

图 2-30 压电效应的可逆性

压电效应的可逆性

具有压电效应的电介质物质称为压电材料，压电材料能实现机械能、电能的相互转换。在自然界中，大多数晶体都具有压电效应。

压电材料的主要特性参数如下：

1）压电常数：衡量材料压电效应强弱的参数，直接关系到压电输出灵敏度。

2）弹性常数（刚度）：决定压电元件的固有频率和动态特性。

3）介电常数：压电元件的固有电容与之有关，而固有电容又影响着传感器的频率下限。

4）机电耦合系数：衡量压电材料机电能量的转换效率，定义为输出与输入能量比值的平方根。

5）电阻：压电材料的绝缘电阻将减小电荷泄漏，从而改善压电式传感器的低频特性。

压电材料

6）居里点温度：压电材料开始丧失压电温度特性的温度。

压电材料可分为三大类，即压电晶体、压电陶瓷及新型压电材料，它们都有较大的压电常数，机械性能优良（强度高、固有振荡频率稳定），时间稳定性好，温度稳定性好。

表 2-2 给出了常用压电材料的性能参数。

表 2-2 常用压电材料的性能参数

性能参数	石英	钛酸钡	锆钛酸铅 PZT-4	锆钛酸铅 PZT-5	锆钛酸铅 PZT-8
压电系数 (pC/N)	$d_{11}=2.31$ $d_{14}=0.73$	$d_{15}=260$ $d_{31}=-78$ $d_{33}=190$	$d_{15}\approx410$ $d_{31}=-100$ $d_{33}=230$	$d_{15}\approx670$ $d_{31}=-185$ $d_{33}=600$	$d_{15}\approx330$ $d_{31}=-90$ $d_{33}=200$
相对介电常数 ε_r	4.5	1200	1050	2100	1000
居里点温度/℃	573	115	310	260	300
密度/(10^3kg/m^3)	2.62	5.5	7.45	7.5	7.45
弹性模量/(10^3N/m^2)	80	110	83.3	117	123
机械品质因数	$10^5 \sim 10^6$	≥500		80	≥800
最大安全应力/(10^5N/m^2)	95~100	81	76	76	83
体积电阻率/($\Omega \cdot \text{m}$)	$>10^{12}$	10^{10}(25℃)	$>10^{10}$	10^{11}(25℃)	—
最高允许温度/℃	550	80	250	250	—
最高允许湿度(%)	100	100	100	100	—

（1）石英晶体 天然石英晶体和人工石英晶体都属于单晶体，化学式为 S_iO_2，外形结构成六面体。石英晶体各个方向的特性是不同的，其中纵向轴 z 称为光轴，经过六面体棱线并垂直于光轴的 x 轴称为电轴，与 x 轴和 z 轴同时垂直的 y 轴称为机械轴，如图 2-31a 所示。通常把沿电轴 x 方向的力作用下产生电荷的压电效应称为纵向压电效应，而把沿机械轴 y 方向的力作用下产生电荷的压电效应称为横向压电效应，在光轴（z 轴）方向则不产生压电效应。从晶体上沿轴线（图 2-31b）切下来的一片平行六面体称为压电晶体切片，如图 2-31c 所示。

压电元件受力后，表面电荷与外力成正比关系，即

$$q = dF \tag{2-35}$$

式中 d——压电元件的压电系数。

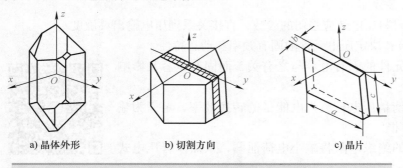

a) 晶体外形　　　　b) 切割方向　　　　c) 晶片

图 2-31 石英晶体

晶片制作

当晶片受到 x 轴方向施加的作用力 F_x 时，晶片产生厚度变形并发生极化现象。在晶体的线性弹性范围内，在 x 轴面所产生的电荷与作用力成正比，垂直 x 轴面上产生的电荷大小为

$$q_x = d_{11}F_x \tag{2-36}$$

式中 d_{11}——x 轴方向受力的压电系数。

同一晶片，当受到 y 轴方向施加的作用力 F_y 时，仍在垂直 x 轴面上产生极性方向相反的电荷，其电荷大小与 y 方向的作用力成正比，即

$$q_y = \frac{ad_{12}}{b}F_y \tag{2-37}$$

式中　d_{12}——y 轴方向受力的压电系数，根据石英晶体的对称性，有 $d_{12} = -d_{11}$；

　　a、b——分布式晶片的长度和厚度。

F_x 和 F_y 的符号由受压力还是受拉力决定。

石英晶体的压电特征与内部分子结构有关，按石英晶体分子式，每个晶格单元中含有硅离子和氧离子，硅离子和氧离子成正六边形排列，图 2-32a 所示为它们在垂直 z 轴的 x、y 坐标平面上的投影，图中"$\oplus$"代表硅离子，"$\ominus$"代表氧离子。

当石英晶体没有受到外力作用时，正、负离子分布在六边形顶角，形成三个大小相等、互成 120° 夹角的电偶极矩 P_1、P_2、P_3，电偶极矩的大小为

$$P = ql \tag{2-38}$$

由于三个电偶极矩 $P_1 = P_2 = P_3$，矢量和等于零，即 $P_1 + P_2 + P_3 = 0$，因此晶体表面不产生电荷，石英晶体呈中性。

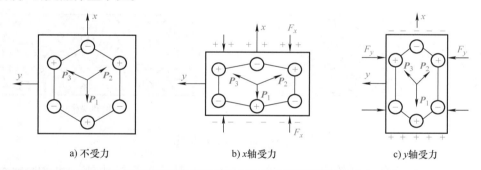

| a) 不受力 | b) x 轴受力 | c) y 轴受力 |

图 2-32　石英晶体压电模型

当晶体受沿 x 轴方向的作用力 F_x 时，晶体沿 x 方向压缩形变，使正、负离子的相对位置随之改变，正、负电荷中心不重合，如图 2-32b 所示。由于 P_1 减小，P_2、P_3 增大，电偶极矩在 x 轴方向的分量不再等于零，而是大于零，即 $P_1 + P_2 + P_3 > 0$，在 x 轴的正方向出现正电荷，在 x 轴的负方向出现负电荷。由于电偶极矩在 y 轴和 z 轴方向的分量仍为零，所以 y 轴和 z 轴晶体表面不会出现电荷。

石英晶体压电模型

当晶体受沿 y 轴方向的作用力 F_y 时，晶体沿 y 方向压缩形变，如图 2-32c 所示。由于 P_1 增大，P_2、P_3 减小，这时电偶极矩在 y 轴方向的分量小于零，即 $P_1 + P_2 + P_3 < 0$，在 x 轴的正方向出现负电荷，而在 x 轴的负方向出现正电荷，电偶极矩在 y 轴和 z 轴方向的分量仍为零，不出现电荷。

当晶体沿 z 轴方向有压缩应力或拉伸应力时，晶体沿 x、y 方向产生相同的变形，正、负电荷中心处于重合状态，电偶极矩在 x 轴和 y 轴方向的分量均等于零。因此沿 z 轴方向施加作用力时，石英晶体不产生压电效应。

同理，如果沿 x、y 轴方向施加相反方向的作用力，则 x 轴的正、负方向出现的电荷极

性与上述情况相反。

（2）压电陶瓷　压电陶瓷是一种经极化处理后的人工多晶铁电体，其实物图如图 2-33 所示。所谓多晶，是指它由无数细微的单晶组成；所谓铁电体，是指它具有类似铁磁材料磁畴的电畴结构。电畴是分子自发形成的区域，有一定的极化方向，从而存在一定的电场。每个单晶形成一个电畴。在无外电场作用时，各个电畴在晶体上杂乱分布，它们的极化效应被相互抵消，因此原始的压电陶瓷内极化强度为零，如图 2-34a 所示。

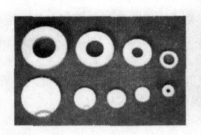 

图 2-33　压电陶瓷实物

 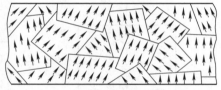

a) 未极化　　　　　　　　　　　　　　　　　　b) 电极化

图 2-34　压电陶瓷的极化

为使压电陶瓷具有压电效应，必须在一定条件下对其进行极化处理，给压电陶瓷施加外加电场，使电畴规则排列，使其具有压电特性。施加外电场时，电畴的极化方向发生转动，所有电畴趋向外电场方向排列，外电场越强，电畴转向外电场的越多，外电场强度达到饱和程度时，所有的电畴与外电场一致。外电场去掉后，电畴极化方向基本保持原极化方向不变，压电陶瓷的极化强度不为零，而是存在很强的剩余极化强度，这时的材料才具有压电特性，如图 2-34b 所示。

压电陶瓷的极化

极化处理后陶瓷材料内部仍存在有很强的剩余极化，当陶瓷材料受到外力作用时，电畴的界限发生移动，电畴发生偏转，从而引起剩余极化强度的变化，因而在垂直于极化方向的平面上将出现极化电荷的变化。这种因受力而产生的由机械效应转变为电效应，将机械能转变为电能的现象，就是压电陶瓷的正压电效应。

压电陶瓷的特点是：压电常数大，灵敏度高；制造工艺成熟，可通过合理配方和掺杂等人工控制来达到所要求的性能；成形工艺性好，成本低廉，利于广泛应用。压电陶瓷除有压电特性外，还具有热释电性，因此它可制作热电传感器件而用于红外探测器中。但其作为压电元件应用时，会给压电传感器造成热干扰，降低稳定性，所以对高稳定性的传感器，压电陶瓷的应用受到限制。

最早使用的压电陶瓷材料是钛酸钡（$BaTiO_3$）。目前使用较多的压电陶瓷材料是锆钛酸铅（PZT 系列），它是由钛酸铅（$PbTiO_3$）和锆酸铅（$PbZrO_3$）组成的 $Pb(ZrTi)O_3$，有较高的压电系数和较高的工作温度。

铌镁酸铅是 20 世纪 60 年代发展起来的压电陶瓷。它是由铌镁酸铅 $[Pb(Mg·Nb)O_3]$、锆酸铅（$PbZrO_3$）和钛酸铅（$PbTiO_3$）按不同比例配成的不同性能的压电陶瓷，具有极高的压电系数和较高的工作温度，而且能承受较高的压力。

（3）新型压电材料

1）压电半导体。1968 年以来出现了多种压电半导体，如硫化锌（ZnS）、碲化镉（CdTe）、氧化锌（ZnO）、硫化镉（CdS）、碲化锌（ZnTe）和砷化镓（GaAs）等。这些材料的显著特点是既具有压电特性又具有半导体特性。因此，既可用其压电特性研制传感器，又可用其半导体特性制作电子器件，也可以两者结合，集元件与电路于一体，研制成新型集成压电传感器系统。

2）有机高分子压电材料。其一，是某些合成高分子聚合物，经延展拉伸和电极化后具有压电特性的高分子压电薄膜，如聚氟乙烯（PVF）、聚偏氟乙烯（PVDF）、聚氯乙烯（PVC）、聚 γ 甲基 $-L$ 谷氨酸酯（PMC）和尼龙 Ⅱ 等。这些材料的独特优点是质轻柔软，抗拉强度较高、耐冲击，体电阻达 $10^{22}\Omega·m$，击穿强度为 $150\sim200kV/mm$，声阻抗近于水和生物体含水组织，热释电性和热稳定性好，且便于批量生产和大面积使用，可制成大面积阵列传感器乃至人工皮肤。

其二，是高分子化合物中掺杂压电陶瓷 PZT 或 $BaTiO_3$ 粉末制成的高分子压电薄膜。这种复合压电材料同样既保持了高分子压电薄膜的柔软性，又具有较高的压电特性和机电耦合系数。

2. 压电式传感器

压电式传感器是利用压电材料的压电效应工作的，即当有力作用在压电材料上时，传感器就有电荷（或电压）输出。

在实际应用中，由于单晶片的输出电荷很小，因此组成压电式传感器的晶片不止一片，常常将两片或两片以上的晶片黏结在一起。黏结的方法有两种，即并联和串联。压电元件的连接方式如图 2-35 所示。

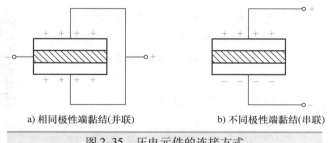

a) 相同极性端黏结(并联)　　b) 不同极性端黏结(串联)

图 2-35　压电元件的连接方式

并联方法中，两片压电晶片的负电荷集中在中间电极上，正电荷集中在两侧的电极上，传感器的电容量大、输出电荷量大、时间常数也大，故这种传感器适用于测量缓变信号及电荷量输出信号。

串联方法中，正电荷集中于上极板，负电荷集中于下极板，传感器本身的电容量小、响应快、输出电压大，故这种传感器适用于测量以电压作为输出的信号和频率较高的信号。

（1）压电式传感器等效电路　当压电式传感器的压电元件受力时，在电极表面就会出现电荷，且两个电极表面聚集的电荷量相等、极性相反，因此可以把压电式传感器看作一个电荷源（静电荷发生器），而压电元件是绝缘体，在这一过程中，它又可以被看成一个电容器，其电容量 C_a 为

$$C_a = \frac{\varepsilon_r \varepsilon_0 S}{d} \tag{2-39}$$

式中　S——压电片的面积；

d——压电片的厚度；

ε_0——真空介电常数（$\varepsilon_0 = 8.85 \times 10^{-12} \mathrm{F/m}$）；

ε_r——压电材料的相对介电常数。

压电式传感器等效电路

从性质上讲，压电元件实际上是一个有源电容器。

当需要压电元件输出电压时，可以把它等效成一个电压源与一个电容相串联的电压等效电路，如图2-36a所示。在开路状态时，其输出端电压为

$$U_a = \frac{q}{C_a} \tag{2-40}$$

当需要压电元件输出电荷时，又可以把压电元件等效为一个电荷源与一个电容相并联的电荷等效电路，如图2-36b所示。在开路状态时，其输出端电荷为

$$q = C_a U_a \tag{2-41}$$

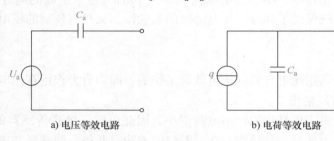

a) 电压等效电路　　　　　　b) 电荷等效电路

图2-36　压电元件等效电路

实际应用中，在连接压电式传感器测量电路时，还要考虑连接电缆的等效电容 C_c、前置放大器输入电阻 R_i、输入电容 C_i 以及传感器泄漏电阻 R_a 的影响。压电传感器泄漏电阻 R_a 与前置放大器输入电阻 R_i 并联，为保证传感器具有一定的低频响应，要求传感器的泄漏电阻在 $10^{12}\Omega$ 以上，使 $R_L C_a$ 足够大。与此相适应，测量系统应有较大的时间常数 τ，要求前置放大器有相当高的输入阻抗。图2-37所示为压电式传感器电压源与电荷源的实际等效电路。

压电式传感器测量电路

（2）压电式传感器测量电路　压电式传感器本身的内阻抗很高，而输出能量较小，因此它的测量电路通常需要接入一个高输入阻抗的前置放大器，其作用为：一是把它的高输出阻抗变换为低输出阻抗；二是放大传感器输出的微弱信号。压电式传感器的输出可以是电压

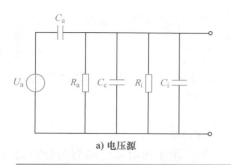 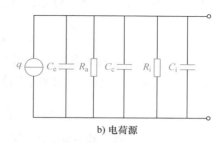

a) 电压源　　　　　　　　　　　　b) 电荷源

图 2-37　压电式传感器实际等效电路

信号，也可以是电荷信号，因此前置放大器也有两种形式：电压放大器和电荷放大器。

1）电压放大器（阻抗变换器）。压电式传感器连接电压放大器的等效电路如图 2-38a 所示。

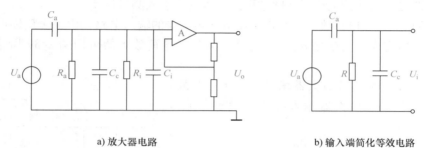

a) 放大器电路　　　　　　　　　　　　b) 输入端简化等效电路

图 2-38　电压放大器电路原理及其等效电路

在图 2-38b 中，电阻 $R = R_a R_i / (R_a + R_i)$，电容 $C = C_a + C_c + C_i$，而 $u_a = q/C_a$，若压电元件受正弦力 $f = F_m \sin\omega t$ 的作用，则其压力为

$$\dot{U}_a = \frac{dF_m}{C_a}\sin\omega t = U_m \sin\omega t \tag{2-42}$$

式中　U_m——压电元件输出电压幅值，$U_m = \dfrac{dF_m}{C_a}$；

　　　d——压电系数。

由此可得放大器输入端电压 $\dot{U}_i$，其复数形式为

$$\dot{U}_i = dF_m \frac{j\omega R C_a}{1 + j\omega R(C_a + C)} \tag{2-43}$$

$\dot{U}_i$ 的幅值 U_{im} 为

$$U_{im}(\omega) = \frac{dF_m \omega R}{\sqrt{1 + \omega^2 R^2 (C_a + C_c + C_i)^2}} \tag{2-44}$$

输入电压和作用力之间的相位差为

$$\varPhi(\omega) = \frac{2}{\pi} - \arctan[\omega(C_a + C_c + C_i)R] \tag{2-45}$$

在理想情况下，传感器的 R_a 电阻值与前置放大器输入电阻 R_i 都为无限大，即 $\omega(C_a +$

$C_c + C_i)R \gg 1$，则由式（2-44）可知，理想情况下输入电压幅值 U_{im} 为

$$U_{im} = \frac{dF_m}{C_a + C_c + C_i} \qquad (2-46)$$

式（2-46）表明前置放大器输入电压 U_{im} 与频率无关。一般认为 $\omega/\omega_0 > 3$ 时，就可以认为 U_{im} 与 ω 无关，ω_0 表示测量电路时间常数的倒数，即

$$\omega_0 = \frac{1}{(C_a + C_c + C_i)R} \qquad (2-47)$$

这表明压电式传感器有很好的高频响应，但是当作用于压电元件的力为静态力（$\omega = 0$）时，则前置放大器的输入电压等于零，因为电荷会通过放大器输入电阻和传感器本身漏电阻漏掉，所以压电式传感器不能用于静态力测量。

当 $\omega(C_a + C_c + C_i) \gg 1$ 时，放大器输入电压 U_{im} 由式（2-46）计算可知。式中 C_c 为连接电缆电容，当电缆长度改变时，C_c 也将改变，因而 U_{im} 也随之变化。因此，压电式传感器与前置放大器之间的连接电缆不能随意更换，否则将引入测量误差。

2）电荷放大器。电荷放大器常作为压电式传感器的输入电路，由一个反馈电容 C_f 和高增益运算放大器构成，当略去 R_a 和 R_i 并联电阻后，电荷放大器可用图 2-39 所示等效电路表达。

图 2-39 中，A 为运算放大器增益。由于运算放大器输入阻抗极高，放大器输入端几乎没有分流，其输出电压 u_o 为

$$u_o \approx u_{cf} = -\frac{q}{C_f} \qquad (2-48)$$

式中　u_o——放大器输出电压；

u_{cf}——反馈电容两端电压。

由运算放大器基本特性，可求出电荷放大器的输出电压为

$$U_o = \frac{Aq}{C_a + C_c + C_i + (1+A)C_f} \qquad (2-49)$$

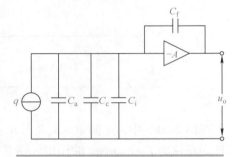

图 2-39　电荷放大器等效电路

通常放大器增益 $A = 10^4 \sim 10^8$，满足 $(1+A)C_f \gg 10(C_a + C_c + C_i)$，因此可认为电荷放大器输入电压近似为反馈电容上的电压，即

$$U_o \approx -\frac{q}{C_f} \qquad (2-50)$$

式（2-50）说明，电荷放大器的输出电压直接与传感器电荷量 q 成正比，与电容 C_f 成反比，并且输出电压 U_o 与电缆电容 C_c 无关，电缆电容变化不影响传感器的灵敏度，这是电荷放大器的优点。使用电荷放大器时电缆长度变化可忽略，并允许使用长电缆，但实际的电荷放大器电路复杂，价格较贵。

3. 压电式加速度传感器的结构组成和工作原理

（1）结构组成　压缩型压电式加速度传感器主要是由压电元件、质量块、弹性元件等组成的，如图 2-40 所示。质量块作为敏感元件，能够感受外界的信号，通过螺栓、螺母和弹性元件对质量块预先加载，使之压紧在压电元件上。这种结构既可以保证在作用力变化时，压电元件始终受到压力，也可以保证压电元件的电压与作用力成线性关系。施加预压紧

力的原因在于，压电元件在加工后，其接触面不可能是绝对平坦的，如果没有足够的压力，就不能保证均匀接触。因此，接触电阻在最初阶段将不是常数，而是随着压力变化的。需要注意的是，预压紧力也不能太大，否则将会影响其灵敏度。测量时将传感器基座与被测对象牢牢地紧固在一起，输出信号由压电元件产生的电荷在导线的引导下传入到转换电路。

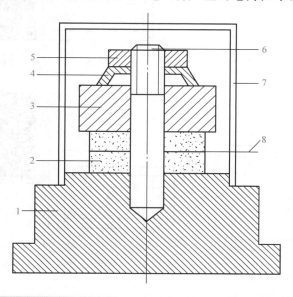

压电式加速度传感器

压电式加速度传感器
的工作原理

图 2-40　压电式加速度传感器的结构组成

1—基座　2—压电元件　3—质量块　4—弹性元件
5—螺母　6—螺栓　7—外壳　8—导线

（2）工作原理　自然界中某些物质，如石英、陶瓷等，在沿一定方向上受到外力的作用时，不仅会发生变形，且其内部会产生极化现象，同时在两个相对的表面上产生正、负相反的电荷。当去掉外力后，它又会恢复到不带电的状态，这种现象称为压电效应。在这过程中，机械能转换为电能，此现象也称为正压电效应，如图 2-41a 所示。相反，当在这些物质的极化方向上施加电场时，其也会发生变形，去掉电场后，物质的变形随之消失，这种电能转换为机械能的现象称为逆压电效应，或称为电致伸缩现象，如图 2-41b 所示。

压电式加速度传感器就是利用压电陶瓷或石英晶体的压电效应工作的，在加速度传感器受振时，质量块加在压电元件上的力也随之变化。当被测振动频率远低于加速度传感器的固有频率时，则力的变化与被测加速度成正比。

当传感器感受到外力时，因为质量块相对被测物体质量较小，因此质量块感受的惯性力与传感器基座几乎相同。由牛顿第二定律可知，惯性力大小为

$$F = ma \tag{2-51}$$

式中　m——质量块的质量（kg）。

同时，惯性力也作用在压电元件上，并使压电元件产生电荷 q，且

$$q = dma \tag{2-52}$$

式中　a——被测物的加速度（m/s²）。

式（2-52）表明，传感器产生的电荷量与被测物体的加速度成正比。

由于压电式加速度传感器内部存在刚体支撑，通常情况下，压电式加速度传感器不能测

到静态加速度，只能测到动态加速度。

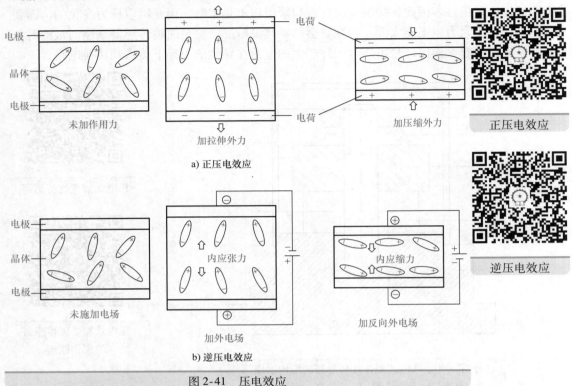

图2-41 压电效应

六、伺服式加速度传感器

伺服式加速度传感器是一种采用了负反馈工作原理的加速度传感器，也称为力平衡加速度传感器。如图2-42所示，伺服式加速度传感器有一个弹性支撑的质量块，质量块上附着一个位移传感器（电容式位移传感器）。当基座振动时，质量块也会随之偏离平衡位置，偏移的大小由位移传感器检测得到。该信号经伺服放大电路放大后转换为电流输出，该电流流过电磁线圈，从而产生电磁力，电磁力的作用将使质量块趋于回复到原来的平衡位置上。由此可见，电磁力的大小必然正比于质量块所受加速度的大小，而该电磁力又正比于电流的大小，所以通过测量电流的大小即可得到加速度的值。

伺服式加速度传感器

伺服式加速度传感器常用于测量较低的加速度值以及频率极低的加速度，其尺寸是相应的压电式加速度传感器的数倍，价格通常也高于其他类型的加速度传感器。

由于有反馈作用，增强了抗干扰的能力，提高了测量精度，扩大了测量范围，故伺服式加速度传感器广泛地应用于无人机、导弹、船舶等高端设备的惯性导航和惯性制导系统中，在高精度的振动测量和标定中也有应用。

伺服式加速度传感器的工作原理

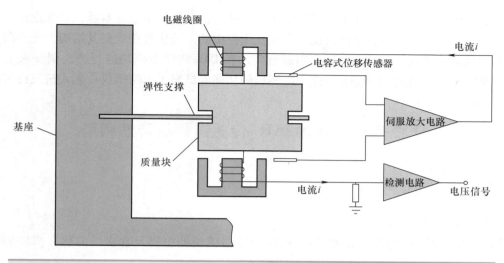

图 2-42　伺服式加速度传感器

任务评价

通过以上学习，对任务实施的完成情况和相关知识的了解情况做出客观评价，并填写表 2-3。

表 2-3　加速度传感器认知与校准任务评价

序号	评价内容	达标要求	小组自评	小组互评	教师评分
1	职业素养	行为习惯好，安全纪律好，工作态度端正，团队合作意识强			
2	加速度传感器的种类	了解加速度传感器的类型、特性参数			
3	加速度传感器的工作原理	掌握各类型加速度传感器的工作原理			
4	加速度传感器种类、	掌握加速度传感器特性参数的调研方法			
5	特性参数调研	了解各加速度传感器特性参数及使用条件			
6	PixHawk 加速度传感器	掌握加速度传感器的校准方法			
7	校准和功能测试	加速度传感器校准成功			
	总体评价				
	再学习评价记录				

任务二　陀螺仪认知

任务描述

民用无人机上的陀螺仪大多是微机械陀螺仪，虽然它的精度不如光纤陀螺仪和激光陀螺仪，但其体积小、功耗低、易于实现数字化和智能化，尤其是制造成本低，易于批量生产。

与加速度传感器一样，陀螺仪也是集成在飞控中的，无法直接观察其结构，无法购买到单一的微机械陀螺仪。因此，本任务拟通过对六轴 IMU 传感器模块进行特性调研来了解陀螺仪的基本功能，通过 PixHawk 飞控中陀螺仪的功能测试来了解陀螺仪在无人机飞行过程中所起的作用。

子任务一　六轴 IMU 传感器模块特性调研

任务实施

任务实施步骤如下：

1）查阅资料，小组总结汇报 MPU6050 传感器模块的引脚及含义，传感器模块的特性参数。

2）查阅相关资料，收集六轴 IMU 传感器模块资料，总结常用六轴 IMU 传感器模块特性参数，填写表 2-4。

表 2-4　六轴 IMU 传感器模块特性参数

型号	使用芯片	供电电压	通信方式	输出数据	加速度量程	陀螺仪量程	角度量程	分辨率	产品优势	应用领域

子任务二　PixHawk 飞控陀螺仪功能测试

任务实施

任务实施步骤如下：

1）准备 PixHawk 飞控、串口线、地面站 Mission Planner 软件、计算机等。

2）软、硬件连接。按图 2-1 所示的方法连接飞控和地面站。

3）检查俯仰、横滚、偏航等姿态数据。如图 2-43 所示，找到无人机的机头方向并使其水平放置（机头与 Y 轴保持一致）。若沿 X 方向转动飞控，则图 2-44 中俯仰数据发生相应的变化；若沿 Y 方向转动

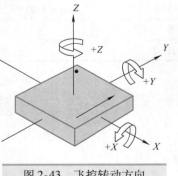

图 2-43　飞控转动方向

PixHawk 飞控陀螺仪功能测试

飞控，则图2-44中横滚数据发生相应的变化；若沿 Z 方向转动飞控，图2-44中偏航数据发生相应的变化。

4）功能测试。调整飞控姿态，整理俯仰、横滚、偏航数据，填写表2-5。

图 2-44   地面站软件连接后姿态数据显示图

表 2-5   PixHawk 飞控中陀螺仪数据

序号	变化模式	俯仰数据	横滚数据	偏航数据
1	+ X 方向转动			
2	− X 方向转动			
3	+ Y 方向转动			
4	− Y 方向转动			
5	+ Z 方向转动			
6	− Z 方向转动			

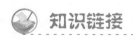 知识链接

一、传统陀螺仪

陀螺仪就是角速度传感器，是利用陀螺效应制造，用来测量物体角速度的一种传感器。陀螺效应是指高速旋转物体的旋转轴所指的方向不会随着外力的方向改变而发生改变。

1850 年，法国物理学家莱昂·傅科在研究地球自转中获得灵感而发明了陀螺仪。它就像把一个高速旋转的陀螺放到一个万向支架上，靠陀螺的方向来计算角速度，如图 2-45 所示。陀螺仪最先应用在航海上，直到第二次世界大战时，陀螺仪才应用到航空航天上，这时的陀螺仪都是机械陀螺仪，也就是传统陀螺仪。

1. 结构组成

传统陀螺仪是一种机械装置，主要由旋转轴、转子和支架等组成，如图 2-46 所示。

图 2-45　最早的陀螺仪

旋转轴

转子

支架

图 2-46　传统陀螺仪的结构组成

（1）转子　常采用同步电动机、磁滞电动机、三相交流电动机等拖动转子绕旋转轴高速旋转。

（2）支架（内、外环）　使陀螺仪旋转轴获得所需角转动自由度。

（3）附件　指力矩电动机、信号传感器等。

传统陀螺仪

2. 工作原理

物体在高速旋转时，角动量会很大，旋转轴会一直稳定地指向一个方向。传统陀螺仪就是利用这个原理来保持一定的方向，制造出来的定向仪器。

陀螺仪一旦开始旋转，由于转子的角动量，陀螺仪有抗拒方向改变的趋向。不过它必须转得足够快，或者角动量足够大，不然只要一个很小的力矩，就会严重影响它的稳定性。

因此，在陀螺仪工作时要给它一个旋转力，让它能够快速旋转起来，一般要达到每分钟几十万转的转速。当有外力作用时，旋转轴的指向就会发生变化，可以用一定的方法来读取旋转轴所指示的方向，并将反映该方向的数据或信号传送给控制系统。惯性导航系统就是用 3 个陀螺仪来测量载体受力后的 3 个旋转轴运动的变化，从而得到载体受力的方向和角度的。

3. 特性

传统陀螺仪具有两个非常重要的基本特性：一是定轴性；二是进动性。这两个特性都基于角动量守恒原理，并促使陀螺仪广泛用于航空、航天和航海领域。

（1）定轴性　高速旋转的转子在没有任何外力矩作用下，陀螺仪的旋转轴在惯性空间中的指向固定在一个方向，同时不会随着外力作用发生改变，这种物理现象称为陀螺仪的定轴性或稳定性，如图 2-47a 所示。这种稳定性随转子的转动惯量和角速度的增加而增加。

（2）进动性　高速旋转的转子在外力矩 M 作用于外环轴 Z 时，陀螺仪将绕内环轴 Y 转动；在外力矩作用于内环轴 Y 时，陀螺仪将绕外环轴 Z 转动，转动角速度方向与外力矩 M 作用方向互相垂直，这种特性称为陀螺仪的进动性，如图 2-47b 所示，图中 X 为旋转轴。进动角速度 ω 的大小取决于转子动量矩 H 的大小和外力矩 M 的大小，其计算公式是

$$\omega = \frac{M}{H}$$

（2-53）

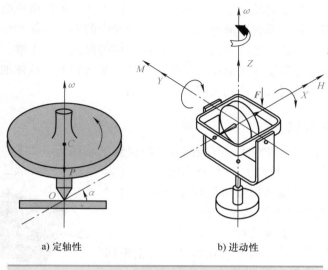

a) 定轴性　　　　　　　　b) 进动性

图 2-47　传统陀螺仪的基本特性

进动性随着外界作用力 F 的增加及转子的转动惯量和角速度 ω 的减小而增加。

二、激光陀螺仪

如图 2-48 所示，激光陀螺仪是利用光程差来测量旋转角速度的，即在一个闭合光路中，由一光源发出的光，分别沿顺时针方向和逆时针方向传输，这两束光在其交会的光路上就会形成光干涉，通过检测光波的相位差或干涉条纹的变化，就可以测出闭合光路旋转的角速度。

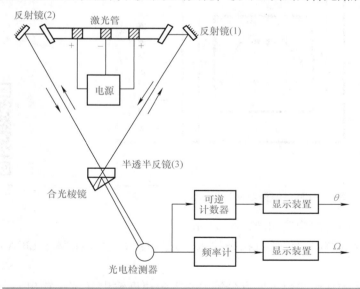

图 2-48　激光陀螺仪的工作原理图

激光陀螺仪的基本元件是环形激光器（图 2-48 左半部分），由三角形或正方形的石英制成的闭合光路组成，内有一个或几个装有混合气体（氦氖气体）的管子，两个不透明的反射镜和一个半透半反镜。反映运载体方向变化的旋转轴置于合光棱镜中，每当载体发生旋转时，合光棱镜的倾斜角度就发生变化，两束光产生的干涉现象图谱也会随之变化。

激光陀螺仪采用高频电源或直流电源，激发激光管中的混合气体产生单色激光。用半透半反镜将激光导出闭合回路，经反射镜使两束反向传输的激光产生干涉，通过光电检测器和计量电路的处理，输出与角度变化成比例的数字信号，从而得到运载体的受力方向变化。为了维持回路谐振，回路的周长应为光波波长的整数倍。

三、MEMS 陀螺仪

MEMS 陀螺仪是利用旋转物体在有径向运动时受到的切向力（即科里奥利力），与振动物体传感角速度的关系而设计的。MEMS 陀螺仪没有旋转部件，不需要轴承，可以利用微机械加工技术大批量生产。图 2-49 所示为 MEMS 陀螺仪实物。

图 2-49　MEMS 陀螺仪

MEMS 陀螺仪的工作原理是对陀螺仪内的质量块施加一个交替改变的电压，并让质量块在水平方向上来回振荡，当陀螺仪发生旋转运动时就会产生科里奥利力，让原本在水平方向上振荡的质量块发生垂直方向上的位移，此时陀螺仪内部的敏感电容即可识别质量块发生垂直位移后电容值的细微变化，对电容的变化进行测量和计算即可得到陀螺仪的旋转量，从而得到陀螺仪的旋转角速度，如图 2-50 所示。

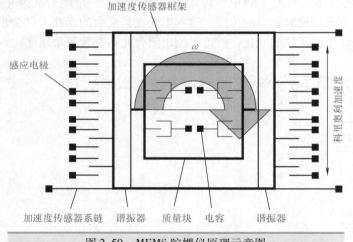

图 2-50　MEMS 陀螺仪原理示意图

微机械陀螺仪

MEMS 陀螺仪的内部构造如图 2-51 所示。

MEMS 陀螺仪的核心部件通过掺杂技术、光刻技术、腐蚀技术、LIGA 技术、封装技术等批量生产的。

MEMS 陀螺仪的性能参数主要有分辨力、零角速度输出（零位输出）、灵敏度和测量范围。这些参数是评判 MEMS 陀螺仪性能好坏的重要指标，同时也决定陀螺仪的应用环境，不同的应用场合对陀螺仪的各种性能指标有不同的要求。陀螺仪的白噪声决定了陀螺仪的分辨力和零角速度输出，这两个参数与灵敏度主要说明了陀螺仪的内部性能和抗干扰能力。对使用者而言，更具有实际的选择意义的是灵敏度。可通过改进设计和进行静电调试使得驱动

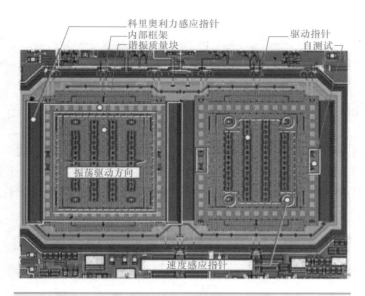

科里奥利力感应指针
内部框架
谐振质量块
驱动指针
自测试
振荡驱动方向
速度感应指针

图2-51　MEMS陀螺仪内部构造图

和传感部分的共振频率一致，以实现最大可能的能量转移，从而获得最大灵敏度。

MEMS陀螺仪的主要特点如下：

1）体积小、重量轻，其边长都小于1mm，核心重量仅为1.2mg。

2）成本低。

3）可靠性好，工作寿命超过10万h，能承受1kg的冲击。

4）测量范围大。

任务评价

通过以上学习，对任务实施的完成情况和相关知识的了解情况做出客观评价，并填写表2-6。

表2-6　陀螺仪认知任务评价

序号	评价内容	达标要求	小组自评	小组互评	教师评分
1	职业素养	行为习惯好，安全纪律好，工作态度端正，团队合作意识强			
2	陀螺仪的种类	了解陀螺仪的种类			
3	微机械陀螺仪	掌握 MEMS 陀螺仪的工作原理			
4	MEMS 陀螺仪特性参数调研	掌握 MEMS 陀螺仪特性参数调研方法			
5		了解 MEMS 陀螺仪特性参数及应用领域			
6	PixHawk 飞控中陀螺仪性能测试	掌握 PixHawk 飞控与地面站的连接方法			
7		掌握 PixHawk 飞控中陀螺仪性能的测试方法			
	总体评价				
	再学习评价记录				

任务三 电子罗盘认知与校准

任务描述

电子罗盘是用来检测无人机的飞行姿态的。与加速度传感器和陀螺仪一样，电子罗盘也是集成在飞控中的。本任务拟通过对九轴 IMU 传感器模块进行特性调研来了解电子罗盘的基本功能，通过 PixHawk 飞控中电子罗盘的校准和功能测试来了解电子罗盘在无人机飞行过程中所起的作用。

子任务一 九轴 IMU 传感器模块特性调研

任务实施

任务实施步骤如下：

1）准备 GY – 85 九轴 IMU 传感器模块。

2）查阅资料，小组总结汇报 GY – 85 传感器模块的引脚及含义，传感器模块的特性参数。

3）查阅相关资料，收集九轴 IMU 传感器模块资料，总结常用九轴 IMU 传感器模块特性参数，填写表 2-7。

表 2-7 九轴 IMU 传感器模块特性参数

型号	使用芯片	供电电压	通信方式	输出数据	加速度量程	陀螺仪量程	角度量程	分辨力	产品优势	应用领域

子任务二 PixHawk 飞控电子罗盘校准和功能测试

实施步骤如下：

1）准备包含电子罗盘的 PixHawk 飞控硬件、串口线、地面站软件 Mission Planner 和计算机等。

2）连接地面站。按图 2-1 所示的方法连接飞控和地面站。

3）电子罗盘校准。

① 如图 2-52 所示，打开软件的罗盘校准界面，单击"现场校准"按钮。

② 软件弹出"请单击确认并且将自动驾驶仪绕所有轴做圆周运动"

PixHawk 飞控电子罗盘校准

图 2-52　准备进入罗盘校准

提示，单击"OK"按钮，如图 2-53 所示。

图 2-53　操作提示

③ 将界面下方的"使用自动确认"设为不选中，如图 2-54 所示。

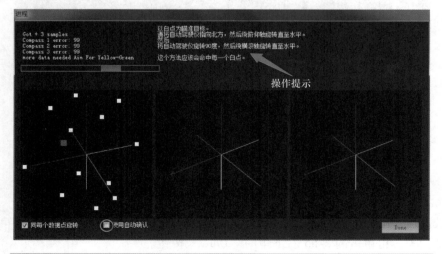

图 2-54　罗盘校准界面（见彩插）

④ 根据操作提示旋转飞控，如图 2-55 所示。

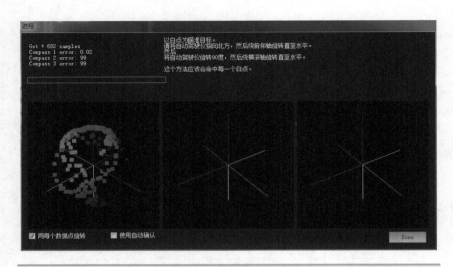

图 2-55 罗盘校准中（见彩插）

⑤ 校准完成后，校准界面左侧应无白点，如图 2-56 所示。

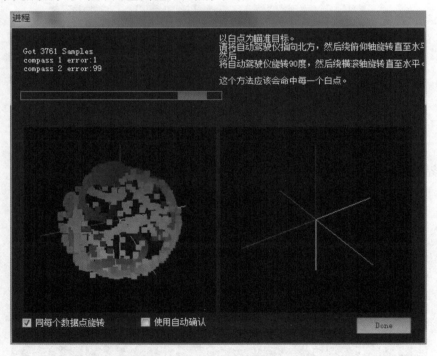

图 2-56 校准成功界面（见彩插）

如果校准后校准界面左侧还有白点，说明这些方向还没有校准成功，应重复第④步，直到白点全部消失，再单击图 2-55 右下角的"Done"按钮。

需要注意的是：校准过程中，旋转飞控时容易碰到 USB 线，导致飞控断开，建议将数据线插在飞控侧边的 USB 口上，旋转时绕开数据线；为了提高电子罗盘的精度，建议在户外进行校准；飞控重新布线、升级固件、添加或者换设备后，需要重新进行电子罗盘校准。

4) PixHawk 飞控电子罗盘功能测试。校准过程完成后，调整飞控的姿态，若图 2-57 所示界面左下角的俯仰、偏航和横滚数值随着飞控姿态的变化而变化，则说明加速度传感器校准成功，电子罗盘工作正常。

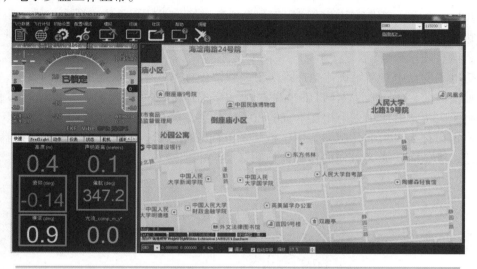

图 2-57　电子罗盘工作正常（见彩插）

 **知识链接**

　　罗盘定向起源于中国。早在 2000 多年前，中国就利用磁铁与地球的磁场相互作用，实现了指向功能的先例，并记载于《韩非子》中。罗盘最早被称为司南，后被称为指南针或者罗经。指南针是中国四大发明之一，中国也是第一个使用罗盘技术进行导航的国家。罗盘技术的应用为人类文明的发展做出了巨大贡献。

　　最早的指南针是一种以磁石为勺，配合底盘的装置。到了宋代，指南针发生了一些变化，由原来的勺状司南变为指南鱼。顾名思义，指南鱼是放在水里的，人们将薄钢片裁剪，并用天然磁体将其人为磁化，置于盛有水的碗中便能辨别方向。随后，指南鱼由薄钢片变为了钢针，指南针正式出现。

　　罗盘技术的发展和普及使世界航海业蓬勃发展。原始的液体浮动罗盘和支撑罗盘是利用地球磁场与永磁体相互作用的原理制成的。这两种罗盘的性能主要依靠其自身结构与材料来决定，故称之为机械罗盘。机械罗盘虽然可以大致地确定方向，但精度不高，不灵活。

　　随着科技的日新月异，罗盘技术也不断革新。到 20 世纪末，电子罗盘的出现使导航系统成为航海业可以依赖的最重要的工具之一。与机械罗盘相比，电子罗盘具有显著的优点，它体积小、重量轻，可以数字显示，阅读方便直观，没有人为错误。

　　电子罗盘可分为二维电子罗盘和三维电子罗盘。二维电子罗盘设计简单，性价比高，但操作方法严格。三维电子罗盘配备倾斜补偿系统，当罗盘倾斜时系统可以自动执行倾斜补偿。现代电子罗盘还内嵌温度补偿系统，这保证了电子罗盘在不同温度下和不同倾角下均可正常使用。

一、电子罗盘的工作原理

三维电子罗盘由三维磁阻传感器、双轴倾角传感器和微控制单元（Micro – Controller Unit，MCU）组成。三维磁阻传感器用于测量地球磁场，双轴倾角传感器在三维磁阻传感器非水平状态时进行补偿；MCU 处理三维磁阻传感器和双轴倾角传感器的信号以及进行数据输出和软铁、硬铁补偿。

手持电子罗盘中，常用机体坐标系来定义载体坐标系，坐标原点在载体的质心，OX_b 沿载体纵轴指向前，OY_b 轴沿载体横轴指向右侧，OZ_b 轴根据右手法则确定，如图 2-58 所示。

三维磁阻传感器使用三个相互垂直的磁阻传感器，每个传感器检测地球磁场在该方向上的强度：正向称为 X 方向传感器，用于检测 X 方向的地磁场；向右或 Y 方向的传感器检测 Y 方向的地磁场；向下或 Z 方向的传感器检测 Z 方向的地磁场。

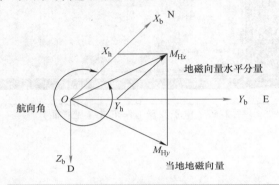

图 2-58　三维电子罗盘检测方向

每个方向的传感器的灵敏度需要根据在该方向上地磁场的分矢量调整到最佳点，并且具有非常低的水平轴灵敏度。传感器产生的模拟输出信号被放大后发送到 MCU 进行处理。

当电子罗盘与地面平行时，可以通过 X 方向和 Y 方向的两个矢量值来确定方位。

当电子罗盘倾斜时，方位角的精度会受到很大影响，精度误差的大小取决于电子罗盘的位置和倾斜角度。为了减小误差，采用双轴倾角传感器测量俯仰角和侧倾角。俯仰角为由前向后方向的角度变化，而侧倾角则为由左到右方向的角度变化。电子罗盘对俯仰角和侧倾角的数据经过转换计算，将三维磁阻传感器在三个轴向上的矢量从原来的位置"拉"回到水平位置。

二、姿态角的测量方法

1. 参考坐标系和姿态角

1）参考坐标系。一般选用北东地坐标系（NED）为参考坐标系，坐标原点在载体重心，X 轴指向北，即 N；Y 轴指向东，即 E；Z 轴指向地，即 D。

2）姿态角。载体在空间中的航向和姿态可用载体坐标系相对于参考坐标系的运动来表示，其运动角度称为载体的姿态角。在导航学中常用横滚角 γ、俯仰角 θ 和航向角 φ 表征载体的姿态。

2. 横滚角和俯仰角的计算

可利用三轴加速度传感器的测量值来计算横滚角和俯仰角。三轴加速度传感器的三轴测量输出值为重力加速度在载体坐标系下的三轴分量大小。当电子罗盘水平放置，载体坐标系的初始姿态与参考坐标系（NED坐标系）重合时，其三轴的测量输出值为 $G_{(0,0,0)} = [0\ 0\ 1]^T$（测量值经过标准归一处理）。当电子罗盘处于任意姿态时，设其三轴测量输出值为 $G_{(\gamma,\theta,\varphi)} = [G_x,\ G_y,\ G_z]^T$，利用方向余弦矩阵可得

$$G_{(\gamma,\theta,\varphi)} = T_{(\gamma,\theta,\varphi)} G_{(0,0,0)} \tag{2-54}$$

根据式（2-54）可得

俯仰角

$$\theta = \arcsin(-G_x) \tag{2-55}$$

横滚角

$$\gamma = \arcsin\left(\frac{G_x}{\cos\theta}\right) \tag{2-56}$$

3. 航向角的计算

电子罗盘上的三维磁阻传感器的测量输出为地磁场矢量在三个测量轴上的分量，当电子罗盘完全水平放置时，电子罗盘上的三维磁阻传感器的 X_b 轴测量输出 H_x，Y_b 轴测量输出 H_y。H_x 和 H_y 为地磁场水平分量 H_h 在两轴上的分解。

航向角 φ 的计算公式为

$$\varphi = \arctan\left(\frac{H_y}{H_x}\right) \tag{2-57}$$

在实际使用过程中，特别是手持设备中，并不能保证电子罗盘完全平行于水平面，故不能直接使用式（2-57）计算航向角。

如图2-59所示，当电子罗盘存在倾角时，假设当前电子罗盘的横滚角为 γ，俯仰角为 θ，航向角为 φ，三维磁阻传感器的测量输出为 $M_{(\gamma,\theta,\varphi)} = [M_x,\ M_y,\ M_z]^T$；电子罗盘完全水平放置下具有相同航向角的三维磁阻传感器的测量输出为 $M_{(0,0,\varphi)} = [M_{Hx},\ M_{Hy},\ M_{Hz}]^T$。

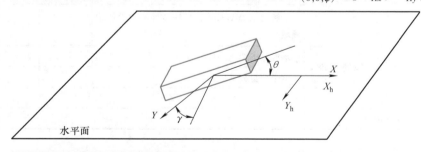

图2-59　电子罗盘存在倾角的情况

根据电子罗盘当前姿态与完全水平放置姿态间的旋转关系，可得

$$M_{(\gamma,\theta,\varphi)} = R_\gamma R_\theta M(0,0,\varphi) \tag{2-58a}$$

$$M(0,0,\varphi) = R_\gamma^{-1} R_\theta^{-1} M(\gamma,\theta,\varphi) \tag{2-58b}$$

R_γ、R_θ 分别为对应横滚角为 γ 和俯仰角为 θ 的旋转转化矩阵，即

$$R_\gamma = \begin{bmatrix} 1 & 0 & 0 \\ 0 & \cos\gamma & \sin\gamma \\ 0 & -\sin\gamma & \cos\gamma \end{bmatrix} \tag{2-59a}$$

$$R_\theta = \begin{bmatrix} \cos\theta & 0 & -\sin\theta \\ 0 & 1 & 0 \\ \sin\theta & 0 & \cos\theta \end{bmatrix} \tag{2-59b}$$

将式（2-59）代入式（2-58），得

$$M_{Hx} = M_x\cos\theta - M_z\sin\theta \tag{2-60a}$$

$$M_{Hy} = M_x\sin\gamma\sin\theta + M_y\sin\gamma + M_z\sin\gamma\cos\theta \tag{2-60b}$$

再将 M_{Hx}、M_{Hy} 代入式（2-57），可计算航向角。由于地磁北极与地理北极间存在磁偏角，且并不重合，故计算得到的并不是指向真北的航向角。通过查相关表格得到当地的磁偏角 β，从而可得到真北航向角。

任务评价

通过以上学习，对任务实施的完成情况和相关知识的了解情况做出客观评价，并填写表2-8。

表2-8 电子罗盘认知与校准任务评价

序号	评价内容	达标要求	小组自评	小组互评	教师评分
1	职业素养	行为习惯好，安全纪律好，工作态度端正，团队合作意识强			
2	电子罗盘的工作原理	掌握电子罗盘的工作原理			
3	姿态角的测量原理	了解电子罗盘姿态角的测量原理			
4	九轴 IMU 传感器模块特性调研	掌握九轴 IMU 传感器模块特性参数的调研方法			
5		了解九轴 IMU 传感器模块特性参数及使用领域			
6	PixHawk 飞控电子罗盘校准	掌握电子罗盘的校准方法			
7		电子罗盘校准成功			
	总体评价				
	再学习评价记录				

任务四 气压高度传感器认知

任务描述

无人机上的气压高度传感器是利用大气压强与海拔高度的关系来测量飞行高度的。在地球表面，随着高度的上升，大气密度下降，空气变得稀薄，大气压降低。在 0~3000m 范围内，每升高 12m，大气压减小 1mmHg（约 133Pa），因此，通过气压高度传感器就能够间接获取无人机的飞行海拔高度。

气压高度传感器在检测过程中不受障碍物的影响，测量高度范围广，方便移动，可进行绝对海拔高度测量和相对高度测量。需要注意的是，用气压高度传感器检测无人机高度的误差相对较大，特别是在近地面，每天的气压变化和温度变化都较大，通过气压和温度计算的海拔高度存在着较大误差，即使将气压高度传感器放在同一个水平高度，早晚不同时间段测量的绝对海拔高度也会出现较大的误差，因此气压高度传感器不能精确检测无人机的高度。为了弥补上述缺点，无人机在高空的高度一般联合 GPS 进行检测，在近地面的高度常用超声传感器来检测。

本任务拟通过对数字气压高度传感器模块特性进行调研来实现对数字气压高度传感器的认知。

任务实施

任务实施步骤如下：
1）准备 GY-63 MS5611-01BA03 气压高度传感器模块。
2）查阅资料，小组总结汇报 GY-63 MS5611-01BA03 气压高度传感器模块的特性参数及引脚含义。
3）查阅相关资料，收集数字气压高度传感器模块资料，总结数字气压高度传感器模块的特性，填写表 2-9。

表 2-9　数字气压高度传感器模块特性参数

型号	供电电压	通信方式	压力范围	温度范围	高度测量精度	测量速率	外观尺寸	功耗	产品优势	应用领域

知识链接

一、高度与大气压的关系

地球周围大气对物体产生的压力称为大气压力。大气压力从宏观上讲是大气的重量作用于物体的表面，从微观上讲是气体分子布朗运动所产生的撞击力。

在对流层和平流层（飞机通常在这两层飞行），随着高度增加，大气密度逐渐减小，气温逐渐降低（平流层不变）。因此，大气压力随着高度的升高而逐渐减小，如图 2-60 所示。

国际标准化组织规定的国际标准大气的主要条件为：以海平面为零高度，标准海平面气

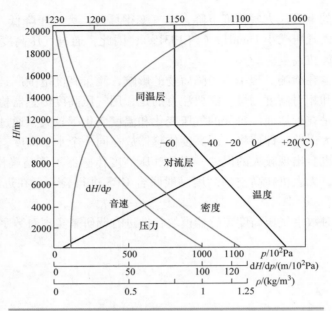

图 2-60　大气的温度、密度、压力与高度的关系

压 P_0 为 760mmHg（或 101325Pa 或 29.92inHg），气温 T_0 为 15℃（或 288K），空气密度 ρ_0 为 1.225kg/m³。对流层的顶界为 11km，在对流层内，气温垂直递减率 τ 为 $-0.0065℃/m$；在平流层内，高度低于 25km 时，气温不随高度变化，等于 $-56.5℃$（或 216.5K），高度高于 25km 时，气温略有升高。空气的气体常数 R 为 29.27 m/℃。

高度与大气压力有着确定的关系。在 11km 以下时，标准大气条件下，气压高度公式为

$$H = \frac{T_0}{\tau}\Big[1 - \Big(\frac{P_H}{P_0}\Big)^{R\tau}\Big] \tag{2-61}$$

将标准大气数据代入式（2-61），可得

$$H = 44307.7\Big[1 - \Big(\frac{P_H}{760}\Big)^{0.1903}\Big] \tag{2-62}$$

可见，高度与气压存在单值对应关系，高度越高，气压越低。

对于不同的气压高度传感器，由于其气压敏感元件不同，其工作原理也略有不同。但大体来讲，它们都是由气压敏感元件来感应大气压力的变化，并将其转化为电信号，结合海拔高度与气压（或大气密度）之间的变化规律，通过大气压力间接求取海拔高度（绝对高度）的。

二、数字气压高度传感器

1. MS5611-01BA 金属封装气压高度传感器

MS5611-01BA 气压高度传感器是由 MEAS（瑞士）推出的一款 SPI 和 I2C 总线接口的新一代高分辨力气压高度传感器，分辨力可达 10cm。该模块几乎可以与任何微控制器连接。其通信协议简单，无须在设备内部寄存器编程。MS5611-01BA 气压高度传感器的尺寸为 5.0mm×3.0mm×1.0mm（图 2-61），可以集成在移动设备中。该产品具有高稳定性以及非

常低的压力信号滞后。

图 2-61　MS5611 – 01BA 金属封装气压高度传感器

　　MS5611 – 01BA 金属封装气压高度传感器是由压阻传感器和传感器接口组成的集成电路，主要功能是把测得的未补偿模拟气压值经 ADC 转换成 24 位的数字值输出，同时也可以输出一个 24 位的数字温度值。

　　MS5611 – 01BA 金属封装气压高度传感器的最大工作范围、电气特性及模数转换特性分别见表 2-10、表 2-11 和表 2-12。

表 2-10　最大工作范围

参数	符号	条件	最小	最大
电源电压	V_{DD}		– 0.3 V	+ 4.0 V
最大压力值	P_{max}			6×10^5 Pa
最大焊接温度	T_{max}	最长 40s		250℃

表 2-11　电气特性

参数	符号	条件	最小	典型	最大
工作电压	V_{DD}		1.8 V	3.0 V	3.6 V
工作温度	T		– 40℃	+ 25℃	+ 85℃
工作电流 （每秒一个样本）	I_{DD}	OSR　4096		12.5 μA	
		2048		6.3 μA	
		1024		3.2 μA	
		512		1.7 μA	
		256		0.9 μA	
V_{DD} 对地电容		V_{DD} to GND	100nF		

表 2-12　模数转换特性

参数	符号	条件	最小	典型	最大
输出字长/bit				24	
转换时间/ms	t_c	OSR　4096	7.40	8.22	9.04
		2048	3.72	4.13	4.54
		1024	1.88	2.08	2.28
		512	0.95	1.06	1.17
		256	0.48	0.54	0.60

MS5611 - 01BA 模块有两种类型的串行接口：SPI 和 I2C，可通过调节 PS 引脚的电压来选择使用 I2C 或 SPI 通信接口。

（1）SPI 模式 外部微控制器通过输入 SCLK（串行时钟）和 SDI（串行数据）来传输数据。在 SPI 模式下，时钟极性和相位允许同时为模式 0 和模式 3。SDO（串行数据）引脚为传感器的响应输出。CSB（芯片选择）引脚用来控制芯片使能/禁用，所以其他设备可以与其共用同一组 SPI 总线。在命令发送完毕或命令执行结束（例如结束的转换）时，CSB 引脚将被拉高。在 SPI 总线空闲模式下，模块有较好的噪声性能，并可在 ADC 转换时与其他设备连接。

（2）I2C 模式 外部微控制器通过输入 SCLK（串行时钟）和 SDA（串行数据）来传输数据。传感器的响应在一根双向的 I2C 总线接口 SDA 线上，所以这个接口类型只使用 2 信号线路而不需要片选信号，这可以减小板空间。在 I2C 模式下，补充引脚 CSB（芯片选择）代表了最低有效位（LSB）的 I2C 地址。在 I2C 总线上可以使用两个传感器和两个不同的地址。CSB 引脚应当连接到 V_{DD} 或 GND（不能悬空）。

2. 英飞凌 XENSIV DPS 368 数字气压高度传感器

如图 2-62 所示，DPS 368 是一款集压力感测与温度感测于一体的低功率数字气压高度传感器，工作在 30000 ~ 120000Pa 的压力范围内和 - 40 ~ 85℃ 的温度范围内，高度测量精度可达 ±2cm，温度精确度可达 ±0.5℃。

图 2-62 DPS 368 数字气压高度传感器

DPS 368 采用电容式气压传感器技术，即使温度发生变化，也能保证高精度测量；外观尺寸仅为 2mm × 2.5mm × 1.1mm；测量速率为 200 次/秒，采样率为 1Hz 时气压测量的平均功耗仅为 137μA，待机模式下甚至能降至 0.5μA；集成式 FIFO 储存器可储存最近 32 次测量结果。

DPS 368 能够兼容 I2C 接口与 SPI 接口，图 2-63 为 I2C 串行接口应用电路示例，图 2-64 所示为 SPI - 4 串行接口应用电路示例。

DPS 368 数字气压高度传感器的主要性能如下：

1）运行范围：压力：30000 ~ 120000Pa，温度：- 40 ~ + 85℃；

2）压力传感器精度：±0.2Pa（或 ±0.02m）（高精度模式）；

3）相对精度：±6Pa（或 ±0.5m）；

4）绝对精度：±100Pa（或 ±8m）；

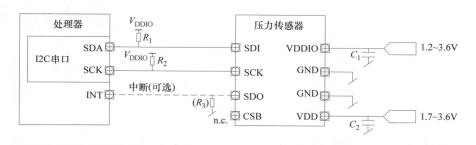

图 2-63　采用 I2C 串行接口应用电路示例

图 2-64　采用 SPI-4 串行接口应用电路示例

5）IPx8 防水等级标准：目前可在 50m 深的水下维持 1h；

6）温度精度：±0.5℃；

7）压力温度灵敏度：0.5Pa/K；

8）测量时间：标准模式（16x）下为 27.6ms；最小值：低精度模式下为 3.6ms；

9）平均功耗：压力测量为 1.7μA，温度测量为 1.5μA（1Hz 采样率），待机状态为 0.5μA；

10）电源电压：V_{DDIO}：1.2~3.6V；V_{DD}：1.7~3.6V；

11）运行模式：命令模式（手动）、后台模式（自动）、待机模式；

12）校准：用测量校准系数单独校准；

13）FIFO：存储多达 32 个压力或温度测量值；

14）接口：I2C 和 SPI（均带有可选中断）；

15）封装尺寸：8 引脚 PG-VLGA-8-2，2.0mm×2.5mm×1.1mm；

16）符合欧盟制定的《关于限制在电子电器设备中使用某些有害成分的指令》（Restriction of Hazardous Substances，RoHS）标准。

任务评价

通过以上学习，对任务实施的完成情况和相关知识的了解情况做出客观评价，并填写表 2-13。

表 2-13　气压高度传感器认知任务评价

序号	评价内容	达标要求	小组自评	小组互评	教师评分
1	职业素养	行为习惯好，安全纪律好，工作态度端正，团队合作意识强			
2	高度与大气压的关系	会用高度与大气压的关系式计算高度			
3	数字气压高度传感器	了解数字气压高度传感器的特性参数			
4	数字气压高度传感器模块特性调研	掌握数字气压高度传感器特性参数的调研方法			
5		了解数字气压高度传感器特性参数及使用领域			
总体评价					
再学习评价记录					

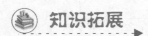

知识拓展

气压式高度表

一、气压式高度表的原理

气压式高度表根据大气压力（常称为静压）随高度升高而降低的规律测量高度。气压式高度表由真空膜盒、传动机构、补偿装置和信号输出显示装置组成，安装在密封的仪表壳体内，如图 2-65 所示。

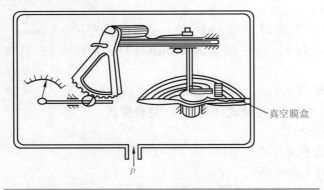

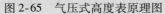

真空膜盒

p

图 2-65　气压式高度表原理图

气压式高度表原理图

气压式高度表的敏感元件是真空膜盒。真空膜盒由两片波纹膜盒焊接而成，盒内抽成真空，因此盒内压力为零，膜盒外部的压力等于飞行器周围的大气压力。当作用在真空膜盒外的气压为零时，其处于自然状态。当高度升高，作用在膜盒上的大气压力 P 逐渐降低时，膜盒将逐渐膨胀。真空膜盒中心的位移与作用在膜盒上的大气压力成线性关系。这样，膜盒中心的位移量正好对应于各高度上的单位气压高度差。随着高度的改变，大气压改变，膜盒由于变形产生的位移量通过相应的传动机构带动信号输出显示装置，从而指示出相应的高度。

两个用双金属片做成的温度补偿片，用来补偿膜盒的弹性系数随温度变化所引起的弹性温度误差。传动机构有连杆式和齿轮式两种类型。

二、气压式高度表的误差

气压式高度表的误差有机械误差和测量方法误差。

1. 机械误差

机械误差来源于气压式高度表的结构、材料、制造商方面的缺陷以及使用中的磨损、变形等。

机械误差的校正方法是：经定期测定后，绘制出修正曲线卡片，进行仪表检查时参照曲线卡片，利用调整旋钮，调整气压刻度盘。

2. 测量方法误差

当实际大气条件不符合标准大气条件时，气压式高度表依然利用标准气压公式计算该处的标准气压高度，此时气压表存在的误差称为测量方法误差。

测量方法误差可分为气压方法误差和气温方法误差。

（1）气压测量方法误差　当气压式高度表测量基准面的气压不符合标准大气条件时所引起的误差称为气压测量方法误差。

当实际海平面大气条件不满足标准海平面大气条件时，设标准海平面大气压力为 p_0，实际海平面大气压力为 p_0'，则所引起的误差为

$$\Delta p_0 = p_0 - p_0' \tag{2-63}$$

由此引起的高度误差为

$$\Delta H_{p_0} = \frac{RT_H \Delta p_0}{g p_0} \tag{2-64}$$

式中　R——气体常数（29.27m/℃）；

　　　T_H——高度 H 处的气温（K）；

　　　g——重力加速度（9.8m/s²）。

当实际海平面大气压力低于标准海平面大气压力时，即 $\Delta p_0 > 0$ 时，则 $\Delta H_{p_0} > 0$，因此气压式高度表出现多指（实际高度低于气压式高度表的指示高度）的情况；反之，当实际海平面大气压力高于标准海平面大气压力时，即 $\Delta p_0 < 0$ 时，则 $\Delta H_{p_0} < 0$，因此气压式高度表出现少指（实际高度高于气压式高度表的指示高度）的情况。若实际海平面大气压力为 $p_0 = 101325$Pa，则气压式高度表指示的高度是准确的。

（2）气温测量方法误差　气温测量方法误差是指气压式高度表测量基准面的气温以及气温垂直递减率不符合标准大气条件时所引起的误差。

如图 2-66a 所示，当气压式高度表测量基准面的大气气温符合标准大气条件时，飞行器所在的气压面的高度等于仪表指示的高度，气压式高度表没有误差。而当测量基准面的大气实际平均气温高于标准大气平均气温时，大气柱膨胀，其顶面 A 高度增高。欲保持气压式高度表指示不变（即大气压力不变），飞行器必须与大气柱顶面同时增高，如图 2-66b 所示，此时，气压式高度表的指示小于实际飞行高度，产生少指误差。相反，当大气柱实际平均气温低于标准大气平均气温时，大气柱收缩，其顶面高度降低，气压式高度表指示的高度

大于飞机的实际飞行高度，产生多指误差，如图 2-66c 所示。

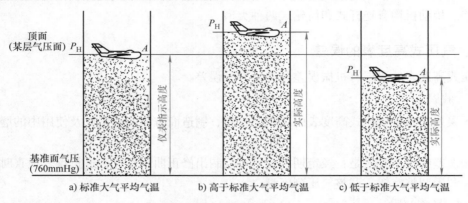

顶面
(某层气压面) P_H

基准面气压
(760mmHg)

a) 标准大气平均气温　　b) 高于标准大气平均气温　　c) 低于标准大气平均气温

图 2-66　气温测量方法误差

气温测量方法误差需要通过领航计算进行修正。

因此，若气压式高度表未校正，当飞行器从高气压地区飞往低气压地区或飞行器从高温地区飞往低温地区时，飞行器的实际高度都将低于气压式高度表的指示；反之，飞行器的实际高度都将高于气压式高度表的指示。

任务五　MPU-6050 无人机传感器模块认知与功能测试

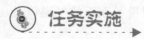

任务描述

图 2-67 所示的 MPU-6050 无人机传感器模块是一款三轴加速度和三轴陀螺仪的六轴传感器模块，该模块采用 Inven Sense 公司生产的 MPU-6050 芯片，芯片内部整合了三轴加速度传感器和三轴陀螺仪，因此能同时检测三轴加速度和三轴角速度的运动数据。

本任务拟通过对 MPU-6050 无人机传感器模块的三轴加速度和三轴陀螺仪进行功能测试来实现对无人机用惯性传感器的认知。

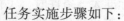

任务实施

图 2-67　MPU-6050 无人机传感器模块

任务实施步骤如下：

1）准备 MPU-6050 无人机传感器模块、STC15 单片机电路板、排针、杜邦线、数据连接线、keil 软件、STC15 单片机电路板驱动软件 ch341ser.exe、STC-ISP 下载软件、USB to TTL 转接板、程序代码等。

2）查阅资料，熟悉传感器模块，了解传感器模块的特性参数，了解传感器模块各端口的名称及功能。

3）排针焊接。将排针焊接在 MPU – 6050 无人机传感器模块上，焊接后如图 2-68 所示。

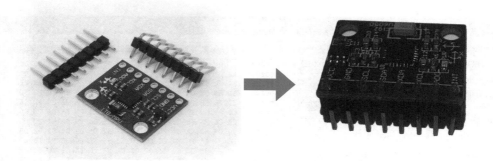

图 2-68　排针焊接

4）硬件连接。按表 2-14 所列的管脚连接说明，用杜邦线将 MPU – 6050 无人机传感器模块和 STC15 单片机电路板连接起来，连接后如图 2-69 所示。将 STC15 单片机电路板经 USB to TTL 转接板与计算机连接起来。

表 2-14　MPU – 6050 无人机传感器模块与单片机电路板对应管脚连接说明

MPU – 6050 模块	IAP15W4K58S4 管脚	说明
I2C_ SCL	P0. 4	时钟信号线
I2C_ SDA	P0. 5	数据信号线
VCC	VCC	电源
GND	GND	接地
AD0	GND	接地

5）导入测试程序。

① 如图 2-70 所示，安装电路板驱动软件。

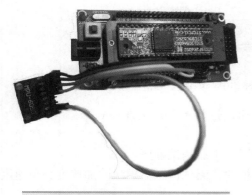

图 2-69　传感器模块与电路板连接图

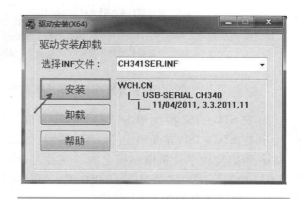

图 2-70　驱动软件安装图

② 打开 STC – ISP 下载软件，软件界面如图 2-71 所示。

图 2-71　STC – ISP 界面

③ 在 STC – ISP 界面选择单片机型号为"IAP15W4K58S4"，串口号为 USB – SERIAL CH340（COM5），如图 2-72 所示。

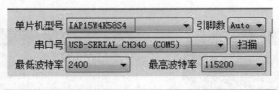

图 2-72　单片机型号选择和串口选择

④ 在 STC – ISP 界面单击"打开程序文件"按钮，打开 *.hex 文件。

⑤ 在 STC – ISP 界面单击"下载/编程"按钮。

⑥ 重启复位单片机电路板上的"主控芯片电源"，下载测试程序。

6）功能测试。移动 MPU – 6050 无人机传感器模块，测试传感器模块的加速度、角速度等参数，测试结果如图 2-73 所示。

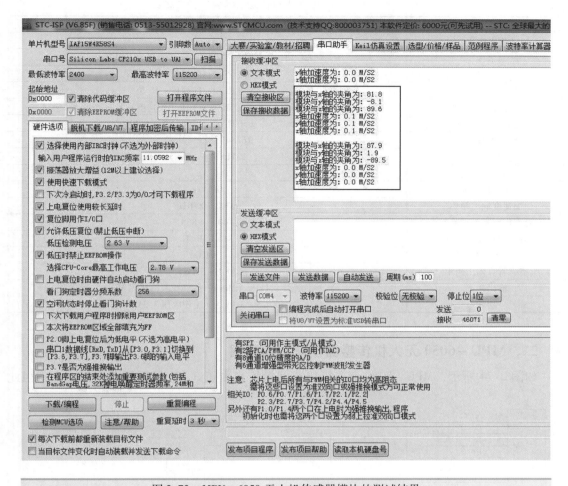

图 2-73 MPU – 6050 无人机传感器模块的测试结果

知识链接

MPU – 6050 无人机传感器模块利用 MPU – 6050 芯片内部的数字运动处理器（Digital Motion Processor，DMP）对传感器数据进行滤波、融合处理，并通过 I2C 接口向主控器输出姿态解算后的姿态数据。其姿态解算频率最高可达 200Hz，适用于对姿态控制实时要求较高的领域，如用于智能手机、智能手环、四轴飞行器及计步器等的姿态检测。

一、MPU – 6050 无人机传感器模块性能参数

MPU – 6050 无人机传感器模块具有体积小、自带 DMP、自带温度传感器、支持 I2C 从机地址设置和中断、兼容 3.3V/5V 系统、使用方便等特点。

MPU – 6050 无人机传感器模块的各项参数见表 2-15。

表 2-15　MPU – 6050 无人机传感器模块的特性参数

参数	说明
供电电压	3.3V/5V
通信接口	I2C 协议，支持的 I2C 时钟最高频率为 400kHz
测量维度	加速度：三维；陀螺仪：三维
ADC 分辨率	加速度：16 位；陀螺仪：16 位
加速度测量范围	$\pm 2g$、$\pm 4g$、$\pm 8g$、$\pm 16g$；其中 g 为重力加速度常数，$g = 9.8\text{m/s}^2$
陀螺仪测量范围	$\pm 250°/\text{s}$、$\pm 500°/\text{s}$、$\pm 1000°/\text{s}$、$\pm 2000°/\text{s}$
加速度分辨率	16384LSB/g（Max）
陀螺仪分辨率	131LSB/g（Max）
加速度精度	$0.1g$
陀螺仪精度	$0.1°/\text{s}$
加速度输出频率	最高 1000Hz
温度传感器测量范围	$-40 \sim +85℃$
温度传感器分辨率	340 LSB/℃
温度传感器精度	$\pm 1℃$
姿态解算输出速率	200Hz（Max）
输出速率	加速度：1kHz（Max）；陀螺仪：8kHz（Max）
功耗	$500\mu\text{A} \sim 3.9\text{mA}$（工作电压 3.3V）

二、MPU – 6050 无人机传感器模块引脚说明

如图 2-74 所示，MPU – 6050 无人机传感器模块自带了 3.3V 超低压差稳压芯片，因此

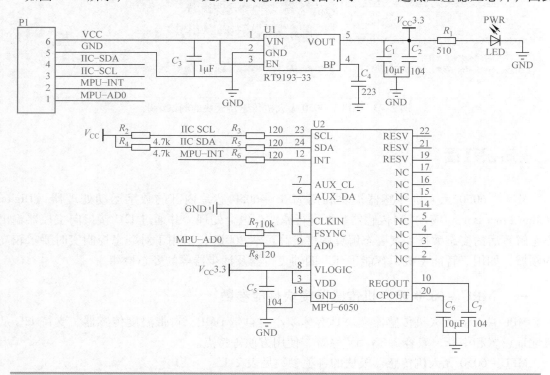

图 2-74　MPU – 6050 无人机传感器模块引脚

外部供电电压可选择3.3V或5V；模块通过P1排针与外部连接，引出了VCC、GND、IIC-SDA、IIC-SCL、MPU-INT和MPU-AD0等信号，其中，IIC-SDA和IIC-SCL自带4.7kΩ上拉电阻，MPU-AD0自带10kΩ下拉电阻，当AD0悬空时，默认IIC地址为（0X68）。

MPU-6050无人机传感器模块通过1×6排针（2.54mm间距）同外部连接，模块引脚含义见表2-16。

表2-16　MPU-6050模块引脚及含义

引脚名称	引脚含义
VCC	3.3V/5V电源输入
GND	地线
IIC-SDA	IIC通信数据线
IIC-SCL	IIC通信时钟线
MPU-INT	中断输出引脚
MPU-AD0	IIC从机地址设置引脚， ID：0X68，悬空或接GND；ID：0X69，接VCC

MPU-6050无人机传感器模块可以与STC15、STM32等开发板直接对接，默认串口比特率为115200bit/s。

三、MPU-6050无人机传感器模块测试

MPU-6050对陀螺仪和加速度传感器分别用了三个16位的ADC，将其测量的模拟量转化为可输出的数字量。MPU-6050采用IIC与STC15开发板通信，需要先初始化与MPU-6050连接的SDA和SCL数据线。IIC（Inter-Integrated Circuit）是IIC Bus的简称，是一种串行通信总线，使用多主从架构，包括串行数据线（SDA）和串行时钟线（SCL），连接到I2C接口的设备可做主设备或从设备。主设备将Slave地址传到总线上，从设备用与其匹配的地址来识别主设备。当连接到系统芯片上时，MPU-6050总是作为从设备，SDA和SCL信号线通常需要接上拉电阻到VDD，最大总线速率为400kHz。

图2-75所示为MPU-6050无人机传感器模块硬件电路图，其中AD0引脚一般接地。

MPU-6050模块的初始化主要设置如下参数：

1）I2C_ Write_ Byte（MPU6050_ ADDRESS, PWR_ MGMT_ 1, 0x80）；//复位

2）I2C_ Write_ Byte（MPU6050_ ADDRESS, SMPLRT_ DIV, 0x00）；//陀螺仪采样，0x00（1000Hz）

3）I2C_ Write_ Byte（MPU6050_ ADDRESS, PWR_ MGMT_ 1, 0x03）；//设置设备时钟源，陀螺仪Z轴

4）I2C_ Write_ Byte（MPU6050_ ADDRESS, CONFIGL, 0x04）；//低通滤波频率，0x04（20Hz）

5）I2C_ Write_ Byte（MPU6050_ ADDRESS, GYRO_ CONFIG, 0x18）；// + -2000deg/s

6）I2C_ Write_ Byte（MPU6050_ ADDRESS, ACCEL_ CONFIG, 0x18）；// + -16

具体初始化步骤如下：

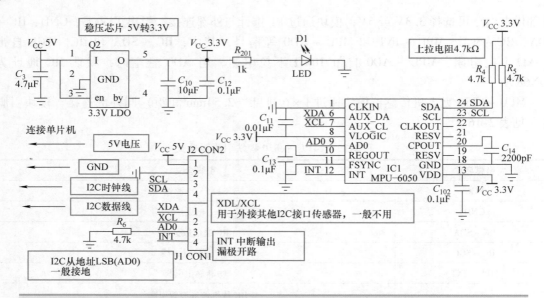

图 2-75　MPU-6050 无人机传感器模块硬件电路图

（1）复位 MPU-6050　这一步让 MPU-6050 内部所有寄存器恢复默认值，通过对电源管理寄存器 1（0X6B）的 bit7 写 1 实现。复位后，电源管理寄存器 1 恢复默认值（0X40），然后必须设置该寄存器为 0X00，以唤醒 MPU-6050，进入正常工作状态。

（2）设置角速度传感器（陀螺仪）和加速度传感器的满量程范围　这一步设置两个传感器的满量程范围（FSR），分别通过陀螺仪配置寄存器（0X1B）和加速度传感器配置寄存器（0X1C）进行设置。一般设置陀螺仪的满量程范围为 ±2000dps，加速度传感器的满量程范围为 ±2g。

（3）其他参数设置　需要配置的参数有关闭中断、关闭 AUX IIC 接口、禁止 FIFO、设置陀螺仪采样率和设置数字低通滤波器（DLPF）等。MPU-6050 模块可以使用 FIFO 存储传感器数据，关闭所有 FIFO 通道，这通过 FIFO 使能寄存器（0X23）控制，默认都是 0（即禁止 FIFO），所以用默认值就可以了。陀螺仪采样率通过采样率分频寄存器（0X19）控制。数字低通滤波器（DLPF）则通过配置寄存器（0X1A）设置，一般设置 DLPF 为带宽的 1/2。

（4）配置系统时钟源并使能角速度传感器和加速度传感器　系统时钟源同样是通过电源管理寄存器 1（0X1B）来设置，该寄存器的最低三位用于设置系统时钟源选择，默认值是 0，不过一般设置为 1，选择 X 轴陀螺作为时钟源，以获得更高精度的时钟。同时，使能角速度传感器和加速度传感器，这两个操作通过电源管理寄存器 2（0X6C）来设置，设置对应位为 0 即可开启。

MPU-6050 模块在初始化完成以后，从加速度传感器 X 轴的高位到陀螺仪 Z 轴的低位共有 14 个寄存器，可通过 I2C 连续读取加速度传感器和陀螺仪数据。

三轴加速度传感器地址如下：

- #define ACCEL_XOUT_H 0x3B
- #define ACCEL_XOUT_L 0x3C

- #define ACCEL_YOUT_H 0x3D
- #define ACCEL_YOUT_L 0x3E
- #define ACCEL_ZOUT_H 0x3F
- #define ACCEL_ZOUT_L 0x40

温度寄存器地址如下：

- #define TEMP_OUT_H 0x41
- #define TEMP_OUT_L 0x42

陀螺仪地址如下：

- #define GYRO_XOUT_H 0x43
- #define GYRO_XOUT_L 0x44
- #define GYRO_YOUT_H 0x45
- #define GYRO_YOUT_L 0x46
- #define GYRO_ZOUT_H 0x47
- #define GYRO_ZOUT_L 0x48

MPU‐6050 与 MCU 通过 I2C 总线进行通信，用软件模拟的方式实现 I2C 底层基本时序函数，包括起始、停止信号的产生，以及发送/接收单字节数据、检测/发送应答信号。在实现了基本时序函数后，使用 I2C 总线跟外部设备通信，实际上就是基本时序的拼接，读写寄存器函数是核心操作。

写寄存器流程如下：

1）发送起始信号；

2）发送设备地址（写模式）；

3）发送内部寄存器地址；

4）写入寄存器数据（8 位数据宽度）；

5）发送结束信号。

读寄存器流程如下：

1）发送起始信号；

2）发送设备地址（写模式）；

3）发送内部寄存器地址；

4）发送重复起始信号；

5）发送设备地址（读模式）；

6）读取寄存器数据（8 位数据宽度）；

7）发送结束信号。

传感器原始数据 AD 值为 16 位数字量，从寄存器地址定义宏名可知，一个数据需要两字节（寄存器）来表示，如 ACCEL_XOUT_H 和 ACCEL_XOUT_L 两个寄存器分别存储 X 轴加速度高 8 位和低 8 位，共同组成 16 位数据，只需给出待读取数据的高位寄存器地址，调用读取函数即可得到合成后的 16 位加速度、温度、陀螺仪数值。

至此，MPU‐6050 模块的原始数据读取完毕，但得到的这些数据无法直接使用，在无人机姿态解算中期望得到的是姿态数据，即欧拉角：航向角（yaw）、横滚角（roll）和俯仰角（pitch）。要得到欧拉角数据，需利用得到的原始数据进行姿态融合解算，直接计算是比较复杂的，但 MPU – 6050 自带了数字运动处理器 DMP，可以将得到的原始数据直接转换成四元数输出。得到四元数之后，就可以很方便地计算出欧拉角，从而得到 yaw、roll 和 pitch。通过内置的 DMP，简化了代码设计，且 MCU 不用进行姿态解算过程，降低了 MCU 的负担，从而有更多的时间去处理其他事件，提高了系统实时性。图 2-76 所示为 MPU – 6050 模块两种姿态的测量方法。

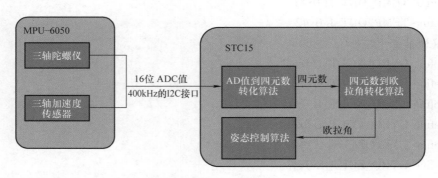

a) 输出ADC姿态测量

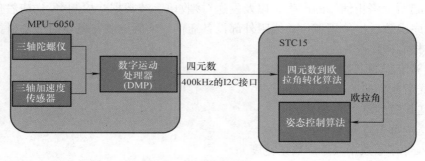

b) DMP姿态测量

图 2-76　MPU – 6050 姿态测量方法

　　在读取加速度传感器和角速度传感器的数据并换算为物理值后，根据不同的应用，数据有不同的解译方式。以无人机运动模型为例，可根据加速度和角速度解算出当前的飞行姿态。当 MPU – 6050 芯片水平放置时，芯片表面朝向天空，此时由于受到地球重力的作用，Z 轴的加速度读数应为正，且在理想情况下应为 g。此加速度的物理意义并不是重力加速度，而是自身运动的加速度，可以这样理解：正因为其自身运动的加速度与重力加速度大小相等、方向相反，芯片才能保持静止。由于 MPU – 6050 可以获取三个轴向上的加速度，而地球重力则是长期存在且垂直向下，因此可以重力加速度相对于芯片的指向为参考，算得无人机当前姿态。

任务评价

　　通过以上学习，对任务实施的完成情况和相关知识的了解情况做出客观评价，并填写表 2-17。

表 2-17   MPU-6050 无人机传感器模块认知与功能测试任务评价

序号	评价内容	达标要求	小组自评	小组互评	教师评分
1	职业素养	行为习惯好，安全纪律好，工作态度端正，团队合作意识强			
2	MPU-6050 无人机传感器模块特性	掌握 MPU-6050 无人机传感器模块特性参数			
3	MPU-6050 无人机传感器模块引脚	掌握 MPU-6050 无人机传感器模块引脚及含义			
4	MPU-6050 无人机传感器模块功能测试	会连接传感器模块电路			
5		会调试程序			
6		会测试 MPU-6050 无人机传感器模块功能			
	总体评价				
	再学习评价记录				

思考与练习

一、填空题

1. 无人机飞行控制系统常采用的传感器有惯性传感器、（   ）和气压高度传感器。

2. 民用无人机加速度传感器一般都采用（   ）加速度传感器。

3. 非线性电位器也称（   ）。

4. 箔式应变片的箔材厚度多为（   ）~0.01mm。

5. 薄膜应变片的厚度在（   ）μm 以下。

6. 电容式传感器可分为变极距型、变面积型和（   ）型三种。

7. 对于电容式加速度传感器，当极板间距过小时，容易引起电容器击穿或（   ）。

8. 云母的相对介电常数是（   ）。

9. 电容式加速度传感器极板间距离在（   ）μm 的范围内。

10. 压电材料能实现（   ）能和（   ）能的相互转换。

11. 石英晶体都属于单晶体，化学式为（   ）。

12. 压电陶瓷是一种经（   ）处理后的人工多晶铁电体。

13. 目前使用较多的压电陶瓷材料是（   ）。

14. 陀螺仪就是（   ）传感器。

15. 传统陀螺仪具有两个非常重要的基本特性，一是（   ），二是（   ）。

16. 激光陀螺仪是利用（   ）来测量旋转角速度的。

17. MEMS 陀螺仪（   ）旋转部件。

18. 电子罗盘是用来检测无人机的（   ）的。

19. 无人机高度与气压存在（   ）对应关系，高度越高，气压越低。

20. MPU-6050 无人机传感器模块姿态解算频率最高可达（   ）Hz。

二、选择题

1. （   ）是无人机完成起飞、空中飞行、执行任务、返场回收等整个飞行过程的核心系统，对无人机实现全权控制与管理。

A. 飞控计算机　　　　B. 飞控子系统　　　　C. 导航子系统　　　　D. 传感器

2. 陀螺仪就是角速度传感器，是利用（   ）原理制造，用来测量物体角速度的一种传感器。

A. 丁达尔效应　　　　B. 重量效应　　　　C. 陀螺效应　　　　D. 蝴蝶效应

3. 压电式加速度传感器的原理是利用压电陶瓷或石英晶体的（   ），在加速度传感器受振时，质量块加在压电元件上的力也随之变化。

A. 感电效应　　　　B. 压电效应　　　　C. 导电效应　　　　D. 绝缘效应

4. 当被测振动频率远小于加速度传感器的固有频率时，力的变化与被测加速度成（   ）关系。

A. 正比　　　　B. 反比　　　　C. 相等　　　　D. 不确定

5. 电子罗盘主要用于辅助 GPS 导航及在（   ）状态获取航向。

A. 静止　　　　B. 运动　　　　C. 飞行　　　　D. 降落

6. 惯性传感器通过采集无人机的加速度和（   ），获取无人机的瞬时速度、姿态和方位。

A. 速度　　　　B. 高度　　　　C. 角速度　　　　D. 角度

7. 薄膜应变片的厚度在（   ）μm 以下。

A. 0.1　　　　B. 0.2　　　　C. 0.3　　　　D. 0.4

8. 压阻式加速度传感器是通过间接测量电阻两端（   ）的变化来测量加速度的。

A. 电流值　　　　B. 电阻值　　　　C. 电压值　　　　D. 电容值

9. 根据压阻效应，半导体和金属丝可以把应变转换成（   ）的变化。

A. 电流　　　　B. 电阻　　　　C. 电压　　　　D 电容

10. 电容式传感器是一种将被测非电量的变化转换为（   ）量变化的传感器。

A. 电流　　　　B. 电阻　　　　C. 电压　　　　D. 电容

11. 变极距型电容式传感器的起始电容为（   ）pF。

A. 10 ~ 100　　　　B. 20 ~ 100　　　　C. 30 ~ 100　　　　D. 40 ~ 120

12. 压电晶体由电能转换为机械能的现象被称为（   ）。

A. 正压电效应　　　　B. 逆压电效应　　　　C. 陀螺效应　　　　D. 蝴蝶效应

13. 压缩型压电加速度传感器的敏感元件是（   ）。

A. 压电元件　　　　B. 质量块　　　　C. 弹性元件　　　　D. 基座

14. 在陀螺仪工作时要给它一个旋转力，让它能够快速旋转起来，一般要达到每分钟（   ）转的转速。

A. 几万　　　　B. 几十万　　　　C. 几百万　　　　D. 几千万

15. 惯性导航系统就是用（   ）个陀螺仪来测量载体受力后的方向、角度。

A. 1　　　　B. 2　　　　C. 3　　　　D. 4

16. 微控制单元的英文缩写是（   ）。

A. MCU　　　　B. MSU　　　　C. BEC　　　　D. ESC

17. 在 0～3000m 范围内，每升高（　　）m，大气压减小 1mmHg。

A. 8　　　　B. 10　　　　C. 12　　　　D. 14

18. 大气压力随着高度的升高而逐渐（　　）。

A. 增大　　　　B. 减小　　　　C. 不变　　　　D. 不一定

19. 英飞凌 XENSIV DPS 368 数字气压高度传感器的工作压力范围是（　　）Pa。

A. 20000～100000　　　　B. 30000～120000

C. 40000～150000　　　　D. 50000～200000

20. 当高度升高，作用在膜盒上的大气压力 p 逐渐降低时，膜盒将逐渐（　　）。

A. 压缩　　　　B. 膨胀　　　　C. 不变　　　　D. 不确定

三、简答题

1. 无人机飞控中的惯性传感器起什么作用?
2. 简述压电式加速度传感器的工作原理。
3. 简述电容式传感器的特点。
4. 简述三明治式电容式 MEMS 加速度传感器的工作原理。
5. 简述悬臂梁压阻式加速度传感器的特点。
6. 简述微机械陀螺仪的工作原理。
7. 简述压阻效应。
8. 简述差动式电容加速度传感器的工作原理。
9. 简述压电效应。
10. MEMS 陀螺仪的主要特点有哪些?

项目三

图像传感器认知

📖 项目导入 ▶

2021年3月26日，我国国家航天局发布了两幅由天问一号探测器拍摄的南、北半球火星侧身影像（图3-1和图3-2）。图像中，火星呈"月牙"状，表面纹理清晰。

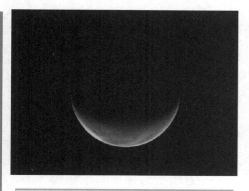

图 3-1　南半球火星影像

图 3-2　北半球火星影像

南半球火星影像由天问一号中分辨率相机于北京时间2021年3月16日拍摄，此时环绕器轨道高度约为1.12万km；北半球火星影像由天问一号中分辨率相机于北京时间2021年3月18日拍摄，此时环绕器轨道高度约为1.15万km。

据了解，天问一号共携带13部仪器，其中相机有4部，分别是中分辨率相机、高分辨率相机、多光谱相机和地形相机。中分辨率相机在400km的轨道上分辨率为100m，高分辨率相机在400km轨道上的分辨率为2m。

天问一号火星探测器任务是我国建设航天强国进程中的重大标志性工程，是中国航天走向更远深空的里程碑工程。

项目描述 ▶

云台相机是航拍无人机不可或缺的设备之一，而图像传感器则是云台相机的核心部件。图像传感器又称感光元件，是利用传感器的光－电转换功能，将其感光面上的光信号图像转换成与之成比例的电信号图像的一种功能元件。

图像传感器的类型与比较

固态图像传感器是由在单晶硅衬底上布设若干光敏单元和移位寄存器集成制成的功能化光电转移元件，其中光敏单元也称为像素。图像传感器一般可分为两种，一种是CCD，一种是CMOS。无人机搭载的云台相机一般采用CMOS图像传感器，如DJI Inspire 2、DJI Phantom 4A/4P、Xiro Xplorer 4K上的云台相机都搭载CMOS图像传感器。

本项目拟通过图像传感器的特性调研和无人机云台相机拍摄操作等任务，使学生认识图像传感器，掌握图像传感器的基本特性，会用无人机拍摄高清视频，并增强学生的规范操作、团队协作意识。

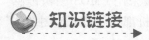

学习目标

素质目标

1. 培养调查研究的实践能力。
2. 增强爱护公物意识、环保意识。
3. 增强规范操作意识、团队协作意识。
4. 增强语言、文字表达能力和沟通能力。

知识目标

1. 掌握图像传感器的定义、组成和分类。
2. 掌握图像传感器的结构和工作过程。
3. 掌握无人机云台相机的种类、特性和性能参数。

能力目标

1. 会查找、整理文献资料。
2. 会用无人机云台相机拍摄高清照片和视频。

任务一　CCD 图像传感器认知

任务描述

　　电荷耦合器件（Charge Coupled Device，CCD）图像传感器是固态图像传感器的一种，是贝尔实验室的 W. S. Boyle 和 G. E. Smith 于 1970 年发明的半导体传感器。它是在 MOS 集成电路基础上发展起来的，能进行图像信息光电转换、存储、延时和按顺序传送，能实现视觉功能的扩展，能给出直观真实、多层次的、内容丰富的可视图像信息。本任务旨在通过对 CCD 图像传感器的工作原理、特性参数进行调研来实现对传感器的认知。

任务实施

　　任务实施步骤如下：

　　1）列举生活中使用 CCD 图像传感器的设备，并说明该设备的应用场合及主要使用目的。

　　2）查阅资料，小组总结汇报 CCD 图像传感器的工作原理和像素、工作条件等特性参数。

知识链接

一、CCD 芯片的工作原理

　　CCD 是一种半导体器件，是由按一定规律排列的 MOS（金属 – 氧化物 – 半导体）电容器组成的阵列，其构造如图 3-3 所示。CCD 的最小单元是在 P 型或 N 型硅衬底上生长出一层厚度约为 120nm 的二氧化硅，再在二氧化硅上依次沉积金属或掺杂多晶硅以构成金属 – 氧化物 – 半导体的电容式转移器。其中，"金属"为二氧化硅层上沉积的金属或掺杂多晶硅电极，称为栅极；"半导体"作为底电极，俗称硅衬底；"氧化物"为两电极之间所夹的绝缘体二氧化硅。栅极和 P 型或 N 型硅衬底便形成了规则的 MOS 电容器阵列，加上两端的输入及输出二极管就构成了 CCD 芯片。

CCD 的结构和记忆原理

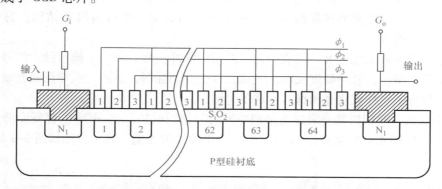

图 3-3　CCD 的构造

　　MOS 电容器的下极板不是一般导体而是半导体。假定该半导体是 P 型硅，其中多数载流子是空穴，少数载流子是电子。若在栅极上加正电压，硅衬底接地，则带正电的空穴被排斥，离开硅 – 二氧化硅界面，带负电的电子被吸引到紧靠硅 – 二氧化硅界面。当栅极电压升高到一定值时，硅 – 二氧化硅界面就形成了对电子而言的陷阱，电子一旦进入就不能离开。栅极电压越高，产生的陷阱越深，可见 MOS 电容器具有存储电荷的功能。若硅衬底是 N 型硅，则在栅极上加负电压，可达到同样的目的。

　　每一个 MOS 电容器实际上就是一个光敏元件，可以感应一个像素点。假定半导体硅衬底是 P 型硅，当光照射到 MOS 电容器的 P 型硅衬底上时，会产生电子空穴对，或称光生电荷，电子被栅极吸引，存储在陷阱中。入射光强，则光生电荷多；入射光弱，则光生电荷少；无光照的 MOS 电容器则无光生电荷。这样把光的强弱变成与其成比例的电荷的多少，就实现了光电转换。若停止光照，则由于陷阱的作用，电荷在一定时间内也不会消失，可实现对光照的记忆。

　　一个个的 MOS 电容器可以被排列成一条直线，称为线阵；也可以排列成二维平面，称为面阵。一维的线阵可接收一条光线的照射，二维的面阵可接收一个平面光线的照射。

　　线阵或面阵 MOS 电容器上记忆的电荷信号的输出是采用转移栅极的办法来实现的。在图 3-3 中可以看到，每一个光敏元件（像素）对应有 3 个相邻的栅电极 1、2、3，所有栅电极彼此之间离得很近，所有的电极 1 相连加以时钟脉冲 ϕ_1，所有的电极 2 相连加以时钟脉冲 ϕ_2，所有的电极 3 相连加以时钟脉冲 ϕ_3，3 种时钟脉冲时序彼此交叠。

　　若是一维的 MOS 电容器线阵，则在时序脉冲的作用下，3 个相邻的栅电极依次为高电平，将电极 1 下的电荷依次吸引转移到电极 3 下，再从电极 3 下吸引转移到下一组栅电极的电极 1 下。这样持续下去，就完成了电荷的定向转移，直到传送完一整行像素，在 CCD 的末端就能依次接收到原存储在各个 MOS 电容器中的电荷。完成一行像素传送后，可再进行光照，再传送新一行像素的信息。

CCD 传感器电荷信号的输出

若是二维的 MOS 电容器面阵，在完成一行像素传送后，就可开始面阵上第二行像素的传送，直到传送完整个面阵上所有行的 MOS 电容器中的电荷，也就完成了一帧像素的传送。完成一帧像素传送后，可再进行光照，再传送新一帧像素的信息。这种利用三相时序脉冲转移输出的结构称为三相驱动（串行输出）结构，另外还有两相、四相驱动结构等。

输出电荷经由放大器放大，变成一连串的模拟脉冲信号，每一个模拟脉冲信号反映一个光敏元件的受光情况，脉冲幅度反映该光敏元件受光的强弱，脉冲的顺序反映光敏元件的位置即光点的位置，这样就将光图像转换成了电图像。

CCD 摄像机、照相机就是通过透镜把外界的景物投射到二维 MOS 电容器面阵上，产生 MOS 电容器面阵的光电转换和记忆。面阵 MOS 电容器的光电转换示意图如图 3-4 所示。

图 3-4 面阵 MOS 电容器的光电转换示意图

当被测景物的一幅图像由透镜成像在 CCD 面阵上时，被图像照亮的光敏元件接收光子的能量产生电荷，电荷被存储在光敏元件下面的陷阱中。电荷数量在 CCD 面阵上的分布反映了图像的模样。在 CCD 芯片上同时集成有扫描电路，它们能在外加时钟脉冲的控制下，产生三相时序脉冲信号，由左到右、由上到下，将存储在整个面阵的光敏元件下面的电荷逐位、

面阵 MOS 电容器的光电转换示意图

逐行快速地以串行模拟脉冲信号输出。输出的模拟脉冲信号可以转换为数字信号存储，也可以输入视频显示器显示出原始的图像。

CCD 的集成度很高，在一块硅片上制造了紧密排列的许多 MOS 电容器光敏元件。线阵的光敏元件数目可为 256 ~ 4096 个或更多。而面阵的光敏元件的数目可以是 500×500 个（25 万个），甚至是 2048×2048 个（约 400 万个）以上。

二、CCD 图像传感器的结构型式

MOS 电容器在光照下产生光生电荷，经三相时序脉冲控制转移输出的结构实质上是一种光敏元件与移位寄存器合二为一的结构，称为光积蓄式结构。这种结构虽然简单，但因光生电荷的积蓄时间比转移时间长得多，所以再生图像往往产生"拖尾"，图像容易模糊不

清；此外，直接采用 MOS 电容器感光的 CCD 对蓝光的透过率差，灵敏度较低。

目前，CCD 图像传感器更多采用的是光敏元件与移位寄存器分离式结构，分为单读式和双读式，如图 3-5 所示。分离式 CCD 采用光电二极管阵列作为感光器件，当光电二极管受到光照时，便产生相应于入射光量的电荷，再经过电注入法将这些电荷引入 CCD 电容器阵列的陷阱中，便成为采用光电二极管感光的 CCD 图像传感器。CCD 电容器阵列陷阱中的电荷仍然采用时序脉冲控制转移输出，CCD 电容器阵列在这里只起移位寄存器的作用。它的灵敏度极高，在低照度下也能获得清晰的图像，在强光下也不会烧伤感光面。

CCD 图像传感器的分离式结构

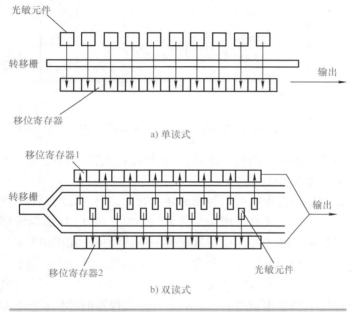

图 3-5　光敏元件与移位寄存器分离式结构

图 3-6 所示为分离式的 2048 位 MOS 电容器线阵 CCD 内部框图。图 3-6 中移位寄存器被分别配置在光敏元件线阵的两侧，奇偶数号位的光敏元件分别与两侧移位寄存器的相应小单元对应。

与长度相同的单读式结构相比，这种双读式结构的优点是：①CCD 移位寄存器的级数仅为光敏单元数的一半，可以使 CCD 特有的电荷转移损失大为减少，从而较好地解决了因转移损失造成的分辨率降低的问题；②可以获得比单读式高出两倍的分辨率；③在同一效果下，双读式结构可以缩小器件尺寸。基于以上优点，双读式结构已经发展成为线阵固态图像传感器的主要结构型式。

面阵固态图像传感器由双读式结构线阵构成，它有多种类型。常见的帧转移方式是在光敏元件和移位寄存器组成的光敏区外另设信号电荷暂存区，在光敏区的光生电荷积蓄到一定数量后，在极短的时间内迅速将其送到有光屏蔽的暂存区。这时，光敏区又开始下一帧信号电荷的生成与积蓄过程，而暂存区利用这个时间将上一帧信号电荷一行一行地移往读出寄存

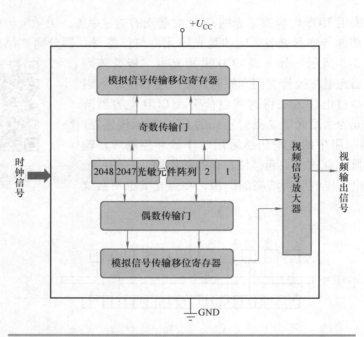

$+U_{CC}$

模拟信号传输移位寄存器

奇数传输门

时钟信号

| 2048 | 2047 | 光敏元件阵列 | 2 | 1 |

视频信号放大器

视频输出信号

偶数传输门

模拟信号传输移位寄存器

GND

图 3-6　分离式的 2048 位 MOS 电容器线阵 CCD 内部框图

器读出。在暂存区的信号电荷全部被读出后，在时钟脉冲的控制下，又开始下一帧信号电荷由光敏区向暂存区的迅速转移。

　　由于光电二极管产生的光生电荷只与光的强度有关，而与光的颜色无关，想要显示彩色图像，就需要采用 3 个光电二极管组成一个像素的方法。在 CCD 图像传感器的光电二极管阵列的前方，加上彩色矩阵滤光片，被测景物的图像的每一个光点由彩色矩阵滤光片分解为红、绿、蓝 3 个光点，分别照射到每一个像素的 3 个光电二极管上，各自产生的光生电荷分别代表该像素红、绿、蓝 3 个光点的亮度。每一个像素的红、绿、蓝 3 个光点的光生电荷经输出和传输后，可在显示器上重新组合，显示出每一个像素的原始彩色，这就构成了彩色图像传感器。

任务评价

　　通过以上学习，对任务实施的完成情况和相关知识的了解情况做出客观评价，并填写表 3-1。

表 3-1　CCD 图像传感器认知任务评价

序号	评价内容	达标要求	小组自评	小组互评	教师评分
1	职业素养	行为习惯好，安全纪律好，工作态度端正，团队合作意识强			
2	图像传感器及其特性	熟悉图像传感器的种类，掌握图像传感器的特性			
3	图像传感器的定义	理解图像传感器的定义			

（续）

序号	评价内容	达标要求	小组自评	小组互评	教师评分
4	CCD 芯片	掌握 CCD 芯片的结构组成及工作过程			
5	CCD 图像传感器的结构型式	理解双读式结构的优越性			
6	CCD 图像传感器调研	能列举 CCD 图像传感器的应用场合			
7		能归纳 CCD 图像传感器的性能参数			
总体评价					
再学习评价记录					

 知识拓展

CCD 图像传感器的特点与用途

CCD 图像传感器输出信号具有如下特点。

1）与景物的实时位置相对应，即能输出景物的时间序列信号，也就是所见即所得。

2）串行的各个脉冲可以表示不同信号，即能输出景物的亮暗点阵分布模拟信号。

3）能够精确地反映焦点面信息，即能输出焦点面景物的精确信号。

将不同的光源或光学透镜、光导纤维、滤光片及反射镜等光学元件灵活地与这 3 个特点相组合，就可以获得 CCD 图像传感器的各个用途，如图 3-7 所示。

CCD 图像传感器进行非电量测量是以光为媒介的光电变换，因此可以实现危险地点或人、机械不可到达场所的测量与控制。

由图 3-7 可见，CCD 图像传感器能够测试的非电量和主要用途如下：

1）组成测试仪器，可测量物位、尺寸、工件损伤等。

2）作为光学信息处理装置的输入环节，可用于传真技术、光学文字识别技术以及图像识别技术、传真、摄像等。

3）作为自动流水线装置中的敏感器件，可用于机床、自动售货机、自动搬运车以及自动监视装置等。

4）作为机器人的视觉，可监控机器人的运行。

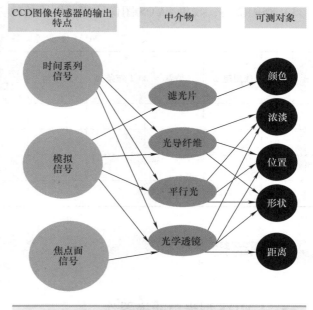

图 3-7　CCD 图像传感器的用途

任务二　CMOS 图像传感器认知

 **任务描述**

与 CCD 图像传感器是由 MOS 电容器组成的阵列不同，互补金属氧化物半导体（Complementary Metal Oxide Semiconductor，CMOS）图像传感器是由按一定规律排列的互补型金属－氧化物－半导体场效应晶体管（MOSFET）组成的阵列。本任务旨在通过对 CMOS 图像传感器模块的特性参数进行调研来实现对 CMOS 图像传感器的认知。

图 3-8　OV7670 CMOS 图像传感器模块

任务实施

任务实施步骤如下：

1）准备如图 3-8 所示的 OV7670 CMOS 图像传感器模块。

2）熟悉 OV7670 CMOS 图像传感器模块，查阅资料，汇报 OV7670 CMOS 图像传感器的特性及各引脚含义。

3）查阅资料，收集 CMOS 图像传感器模块的种类、性能参数等资料，并填写表 3-2。

表 3-2　CMOS 图像传感器模块特性参数

传感器型号	使用电压	像素	工作条件	视场角	核心板接口功能	底板接口功能	尺寸	其他

知识链接

一、CMOS 型光电转换器件

场效应晶体管（FET）是利用半导体表面的电场效应进行工作的，也称为表面场效应器件。由于它的栅极处于不导电（绝缘）状态，所以输入电阻很高，最高可达 $10^{15}\Omega$。目前应用较多的绝缘栅型场效应晶体管是以二氧化硅为绝缘层的金属－氧化物－半导体场效应晶体管，简称为 MOSFET。

MOSFET 有增强型和耗尽型两类，增强型也叫 E 型，耗尽型也叫 D 型，每一类又有 N 沟道和 P 沟道之分。增强型是指当栅源电压 $u_{GS}=0$ 时，FET 内部不存在导电沟道，即使漏源间加上电压 u_{DS}，也没有漏源电流产生，即 $i_D=0$。对于 N 沟道增强型，只有当 $u_{GS}>0$ 且高于开启电压时，才开始有 i_D。对于 P 沟道增强型，只有当 $u_{GS}<0$ 且低于开启电压时，才开始有 i_D。耗尽型是指当栅源电压 $u_{GS}=0$ 时，FET 内部已有导电沟道存在，若在漏源间加上电压 u_{DS}（对于 N 沟道耗尽型，$u_{DS}>0$；对于 P 沟道耗尽型，$u_{DS}<0$），则有漏源电流产生。

NMOS 管和 PMOS 管可以组成共源、共栅、共漏 3 种组态的单级放大器，也可以组成镜像电流源电路和比例电流源电路。以 E 型 NMOS 场效应晶体管 V_1 作为共源放大管，以 E 型 PMOS 场效应晶体管 V_2、V_3 构成的镜像电流源作为有源负载，就构成了 CMOS 型放大器，如图 3-9 所示。由图 3-9 可见，CMOS 型放大器是由 NMOS 场效应晶体管和 PMOS 场效应晶体管组合而成的互补放大电路。由于与放大管 V_1 互补的有源负载具有很高的输出阻抗，因而其电压增益很高。

CMOS 型放大器

CMOS 图像传感器就是把 CMOS 型放大器作为光电变换器件的传感器。CMOS 型光电变换器件的工作原理如图 3-10 所示，它把与 CMOS 型放大器源极相连的 P 型半导体衬底充当光电变换器的感光部分。

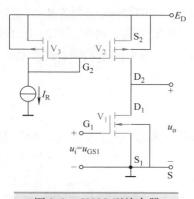

图 3-9　CMOS 型放大器

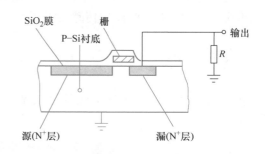

图 3-10　CMOS 型光电变换器件的工作原理

当 CMOS 型放大器的栅源电压 $u_{GS}=0$ 时，CMOS 型放大器处于关闭状态，即 $i_D=0$，CMOS 型放大器的 P 型衬底受光信号照射产生并积蓄光生电荷。由此可见，CMOS 型光电变换器件同样有存储电荷的功能。当积蓄过程结束、在栅源之间加上开启电压时，源极通过漏极负载电阻对外接电容充电形成电流，即光信号转换为电信号输出。

二、CMOS 图像传感器的结构及原理

利用 CMOS 型光电变换器件可以制成 CMOS 图像传感器，但采用 CMOS 衬底直接受光信号照射产生并积蓄光生电荷的方式很少被采用。目前 CMOS 图像传感器上采用的是光敏元件

与 CMOS 型放大器分离式结构。CMOS 线型图像传感器的结构如图 3-11 所示。

CMOS 线型图像传感器由光电二极管和 CMOS 型放大器阵列以及扫描电路集成在一块芯片上制成。一个光电二极管和一个 CMOS 型放大器组成一个像素。光电二极管阵列在受到光照时，便产生相应于入射光量的电荷，扫描电路实际上是移位寄存器。CMOS 型光电变换器件只有光生电荷产生和积蓄功能，而无电荷转移功能。为了从图像传感器输出图像的电信号，必须另外设置"选址"作用的扫描电

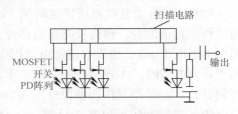

图 3-11　CMOS 线型图像传感器的结构

路。扫描电路以时钟脉冲的时间间隔轮流给 CMOS 型放大器阵列的各个栅极加上电压，CMOS 型放大器轮流进入放大状态，将光电二极管阵列产生的光生电荷放大输出，输出端就可以得到一串反映光电二极管受光照情况的模拟脉冲信号。

CMOS 面型图像传感器则是由光电二极管和 CMOS 型放大器组成的二维像素矩阵，并分别设有 $X-Y$ 水平与垂直选址扫描电路。水平与垂直选址扫描电路发出的扫描脉冲电压由左到右、由上到下，分别使各个像素的 CMOS 型放大器处于放大状态，二维像素矩阵面上各个像素的光电二极管产生和积蓄的电荷依次放大输出。

CMOS 图像传感器

CMOS 图像传感器的缺点是：①在 MOSFET 的栅漏区之间的耦合电容会把扫描电路的时钟脉冲也耦合为漏入信号，造成图像的"脉冲噪声"；②MOSFET 的漏区与光电二极管相近，一旦信号光照射到漏区，光生电荷就会向各处扩散，形成漏电流，再生图像时会出现纵线状拖影。所以，CMOS 图像传感器需要配置一套特别的信号处理电路来消除这些干扰。

任务评价

通过以上学习，对任务实施的完成情况和相关知识的了解情况做出客观评价，并填写表 3-3。

表 3-3　CMOS 图像传感器认知任务评价

序号	评价内容	达标要求	小组自评	小组互评	教师评分
1	职业素养	行为习惯好，安全纪律好，工作态度端正，团队合作意识强			
2	CMOS 型放大器	掌握 CMOS 型放大器的组成及工作过程			
3	CMOS 图像传感器	掌握 CMOS 图像传感器的结构和工作过程			
4	图像传感器模块调研	能归纳图像传感器的性能参数			
	总体评价				
	再学习评价记录				

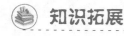
知识拓展

CMOS 图像传感器和 CCD 图像传感器的差异

CMOS 图像传感器和 CCD 图像传感器都可用于自动控制、自动测量、摄影摄像、图像识别等，但由于数据传送方式的不同，两者在效能与应用上存在以下差异。

（1）灵敏度的差异　由于 CMOS 图像传感器的每个像素由四个晶体管和一个光电二极管构成（含放大器与 A/D 转换电路），使得每个像素的感光区域远小于像素本身的表面积，因此在像素尺寸相同的情况下，CCD 图像传感器的灵敏度要高于 CMOS 图像传感器。

（2）分辨率的差异　CMOS 图像传感器的每个像素都比 CCD 图像传感器复杂，其像素尺寸很难达到 CCD 图像传感器的水平，因此，当比较相同尺寸的 CCD 与 CMOS 图像传感器时，CCD 图像传感器的分辨率通常会优于 CMOS 图像传感器。

（3）噪声的差异　由于 CMOS 图像传感器的每个光电二极管都需搭配一个放大器，而放大器属于模拟电路，很难让每个放大器所得到的结果保持一致，因此与只在芯片边缘放一个放大器的 CCD 图像传感器相比，CMOS 图像传感器的噪声就会增加很多，影响图像品质。

CCD 图像传感器与
CMOS 图像传感器的差异

（4）功耗的差异　CMOS 图像传感器的图像采集方式为主动式，光电二极管所产生的电荷会直接由晶体管放大输出，而 CCD 图像传感器的图像采集方式为被动式，需外加 12～18V 的电压，使每个像素中的电荷移动。另一方面，CCD 图像传感器的 MOS 电容器有静态电量消耗，而 CMOS 放大器在静态时是静止状态，几乎没有静态电量消耗，只有在接通光照电路时才有电量的消耗。因此，CMOS 图像传感器的耗电量只有普通 CCD 图像传感器的 1/3 左右。

（5）成本的差异　CMOS 图像传感器采用一般半导体电路最常用的 CMOS 工艺，可以轻易地将周边电路（如 AGC、CDS、Timing generator、DSP 等）集成到传感器芯片中，因此可以节省外围芯片的成本；而 CCD 图像传感器采用电荷传递的方式传送数据，只要有一个像素不能运行，就会导致一整排的数据都不能传送，所以控制 CCD 图像传感器的成品率比控制 CMOS 图像传感器的成品率困难许多。因此，CCD 图像传感器的成本高于 CMOS 图像传感器。

任务三　无人机用图像传感器认知

任务描述

航拍无人机必须配备云台相机，云台在无人机航拍过程中起平衡与稳定的作用，是相机的稳定器。本任务旨在通过对云台相机的操作达到熟练运用无人机用图像传感器的目的。

任务实施步骤如下：

1）准备 DJI Phantom 4A 等航拍无人机。

2）熟悉无人机云台相机的性能参数、操作方法。

3）安装电池、桨叶等配件，户外实拍照片和视频。

4）查阅相关资料，收集无人机云台相机的种类、特点、使用条件等资料，总结无人机用图像传感器的特性，并填写表3-4。

表 3-4　无人机用图像传感器特性参数

传感器类型	型号	使用电压	像素	工作条件	分辨率	连接方式	尺寸	其他

知识链接

一、无人机云台相机

1. 大疆 Air 2S 云台相机

大疆 Air 2S 无人机（图3-12）是大疆创新科技有限公司于 2021 年 4 月发布的最新消费级无人机，该无人机搭载的三轴云台相机，使用 1in⊖ CMOS 图像传感器，可稳定拍摄 5.4K/30fps、4K/60fps、1080p/120fps 超高清视频，最高可拍摄 2000 万像素的照片。

图 3-12　大疆 Air 2S 无人机

大疆 Phantom 4A 上的图像传感器

⊖ 1in = 0.0254m。

2. 大疆禅思 X7 云台相机

大疆禅思 X7（图 3-13）是大疆创新科技有限公司为电影拍摄推出的一款自带云台的紧凑型 S35 相机，可搭配在 DJI Inspire 2 上使用。

大疆禅思 X7 云台相机使用 Super 35 影像传感器，配备 2400 万像素 CMOS 图像传感器，最高可支持 6K/30fps、3.9K/59.94fps Cinema DNG 无损视频与 5.2K/30fps、2.7K/59.94fps Apple ProRes 视频，以及高达 2400 万像素、每秒 20 帧的 RAW 连拍。

为了能拍摄运动状态下的稳定画面，大疆禅思 X7 配备三轴稳定云台。大疆禅思 X7 的色彩管理系统不仅可以真实还原被摄物的原本色彩，更能让亮部和暗部细节更丰富，动态范围可达 14 级。

图 3-13　大疆禅思 X7 云台相机

二、无人机双目立体视觉系统

双目立体视觉（Binocular Stereo Vision）是机器视觉的一种重要形式，它是基于视差原理并利用成像设备从不同的位置获取被测物体的两幅图像，通过计算图像对应点间的位置偏差，来获取物体三维几何信息的方法。

简单的双目立体视觉系统原理如图 3-14 所示。若双目相机中左、右相机的光心分别为 O_L 和 O_R，L 为相机镜头的宽度，焦距为 f，两相机投射中心连线的距离（基线）为 b，点 P 在左右相机中的成像点分别为 P_L 和 P_R，线段 x_L 和 x_R 分别是左右相机成像点到左、右成像平面的距离。

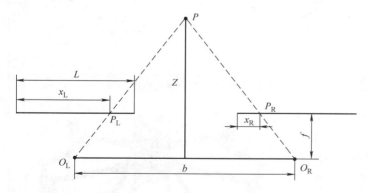

图 3-14　双目立体视觉系统原理图

双目立体视觉系统测距原理

根据光的直线传播原理可知，点 P 即两相机投射中线点与成像点连线的交点。

则 P 点在左、右相机上的视差 d 为

$$d = |x_L - x_R| \tag{3-1}$$

成像点 P_L 和 P_R 之间的距离为

$$P_L P_R = b - \left(x_L - \frac{L}{2}\right) - \left(\frac{L}{2} - x_R\right) = b - (x_L - x_R) \tag{3-2}$$

根据相似三角形理论，有

$$\frac{P_L P_R}{Z - f} = \frac{b - (x_L - x_R)}{Z - f} = \frac{b}{Z} \qquad (3-3)$$

则点 P 到投射中心平面的距离 Z 为

$$Z = \frac{bf}{x_L - x_R} \qquad (3-4)$$

可见，当点 P 移动时，点 P 在左、右相机上的成像位置也会改变，视差 d 也发生相应的变化，且视差 d 与点 P 到投射中心平面的距离 Z 成反比。因此，只要知道点 P 的视差，就可以知道点 P 的距离信息。

双目立体视觉系统具有结构简单、效率高、精度合适、成本低等优点，已成为无人机避障系统的主流，大疆创新科技有限公司研发的消费级无人机、专业级无人机和行业应用无人机等都已采用双目立体视觉系统实现自主避障功能。

大疆 Air 2S 无人机配备前、后、上、下四组双目视觉摄像头。如图 3-15 所示，前视测距范围为 0.38~23.8m，视角（FOV）：水平为 72°，垂直为 58°；后视测距范围为 0.37~23.4m，视角（FOV）：水平为 57°，垂直为 44°；上视测距范围为 0.34~28.6m，视角（FOV）：水平为 63°，垂直为 78°；下视测距范围为 0.5~30m，视觉悬停范围为 0.5~60m。

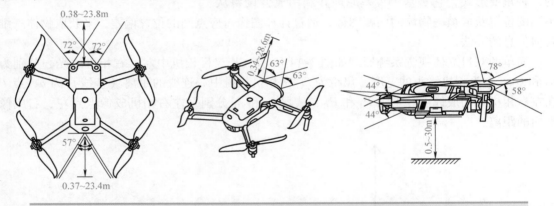

图 3-15　大疆 Air 2S 无人机双目立体视觉系统的测量范围

大疆 Matrice 300 RTK 无人机（图 3-16）更是配备了前、后、左、右、上、下六组双目视觉摄像头。前视、后视最大测距距离为 40m，单摄像头视角（FOV）：水平为 65°，垂直为 50°；左视、右视最大测距距离为 40m，单摄像头视角（FOV）：水平为 75°，垂直为 60°；上视最大测距距离为 30m，单摄像头视角（FOV）：前后为 75°，左右为 60°；下视测距范围为 0.5~30m，单摄像头视角（FOV）：前后为 65°，左右为 50°，如图 3-17 所示。

图 3-16　大疆 Matrice 300 RTK 无人机

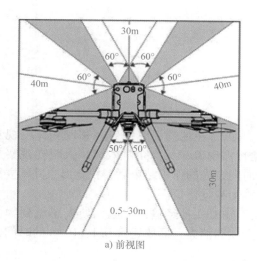

a) 前视图

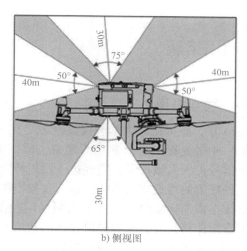

b) 侧视图

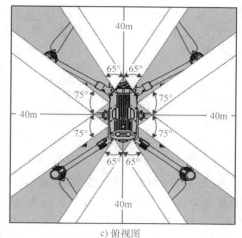

c) 俯视图

图 3-17　大疆 Matrice 300 RTK 无人机双目立体视觉系统的测量范围

任务评价

通过以上学习，对任务实施的完成情况和相关知识的了解情况做出客观评价，并填写表 3-5。

表 3-5　无人机用图像传感器认知任务评价

序号	评价内容	达标要求	小组自评	小组互评	教师评分
1	职业素养	行为习惯好，安全纪律好，工作态度端正，团队合作意识强			
2	无人机操控	熟练操控无人机			
3	照片、视频	掌握照片、视频的拍摄方法			
	总体评价				
	再学习评价记录				

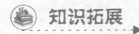

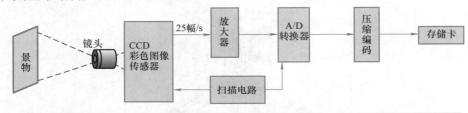

一、数字摄像机

1824年，英国伦敦大学教授彼得·马克·罗杰特在他的研究报告《移动物体的视觉暂留现象》中最先提出了视觉暂留现象，即视觉暂停现象，又称余晖效应。人眼在观察景物时，光信号传入大脑神经，需经过一段短暂的时间，光的作用结束后，视觉形象并不立即消失，这种残留的视觉称为后像，这一现象则被称为视觉暂留。

物体在快速运动时，成像于人眼视网膜上，并由视神经输入人脑，使人感觉到物体的像。但当物体移去时，视神经对物体的印象不会立即消失，而要延续 0.1～0.4s 的时间，人眼的这种性质被称为眼睛的视觉暂留。

根据人眼视觉暂留现象，若对变化的外界景物连续拍摄图片，则只要拍摄速度超过24幅/s，再按同样的速度播放，就可以重现变化的外界景物。数字摄像机也就是根据这一现象工作的，其基本结构如图 3-18 所示。

图 3-18　数字摄像机的基本结构

外界景物通过镜头照射到 CCD 彩色图像传感器上，CCD 彩色图像传感器在扫描电路的控制下，可将变化的景物以 25 幅/s 图像的速度转换为串行模拟脉冲信号输出。该串行模拟脉冲信号经 A/D 转换器转换为数字信号，由于信息量很大，所以要进行信号数据压缩。压缩后的信号数据可存储在存储卡上，也可以存储在专用的数码录像磁带上。早期的数字摄像机使用 2/3in 57 万像素（摄像区域为 33 万像素）的 CCD 彩色图像传感器芯片，后改进为使用 3 片 CCD 各采集 1 种基色信号，3 基色共有 100 万像素。

数字摄像机的基本结构

随着 CMOS 技术的发展，越来越多的摄像机采用耗电较少的 CMOS 图像传感器，像素普遍在 800 万以上，SONY 公司发布的全画幅摄像机 ILME - FX6（图 3-19）的 CMOS 图像传感器芯片总像素高达 1290 万，有效像素约为 1020 万。

松下 VARICAM LT（AU - V35LT1MC）电影级 4K 高清摄像机（图 3-20）CMOS 图像传感器的像素为 890 万，传感器尺寸为 1/3.5in。该摄像机的记录分辨率为：4096 ×2160（4K），3840 ×2160（UHD），2048 ×1080（2K），1920 ×1080（HD）；DC12V 输入，DC12V 输出/

图 3-19　SONY ILME - FX6 摄像机

RS，DC12V 输出；最大帧速率：4K/UHD：60fps 或 50fps，2K/HD：240fps 或 200fps。

图 3-20　松下 VARICAM LT（AU－V35LT1MC）电影级 4K 高清摄像机

二、数码相机

数码相机的结构与数字摄像机相似，只不过数码相机拍摄的是静止图像。数码相机的基本结构如图 3-21 所示。

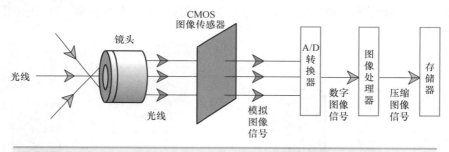

图 3-21　数码相机的基本结构

数码相机的工作过程如下：

1）打开数码相机电源开关，主控 CPU 开始检查相机的各部件是否处于可工作状态。如有故障，则在显示屏上显示故障信息。

2）若一切正常，则打开取景器电路，让外界景物通过镜头照射到 CCD 彩色图像传感器上，将其转换为串行模拟脉冲信号输出，经放大和 A/D 转换后，送液晶显示器显示。当人们满意的图像出现时，即可半按快门，主控 CPU 就开始计算对焦距离、快门速度和光圈大小，由 ASIC 集成电路（可编程低中密度集成用户电路）发出信号，为取景器电路进行自动聚焦和快门、光圈调整。

3）全按下快门，ASIC 集成电路发出信号为取景器电路进行信号锁定，CCD 彩色图像传感器将景物图像转换为串行模拟脉冲信号输出，经放大和 A/D 转换为数字信号，再经 ASIC 集成电路压缩后，存储在 PCMCIA（个人计算机存储卡国际接口标准）卡。

数码相机是如何工作的

相机成像原理

4）存储卡上的图像数据可传送至计算机显示和保存，由 A/D 转换器输出并经压缩的数字图像信号也可由串行口直接传送至计算机显示和保存。

5）按下查看键，可以将存储卡上的图像数据经 ASIC 集成电路解压缩，送液晶显示器显示，供回放查看。

随着 CMOS 技术的成熟，数码相机不仅能拍摄静止的景物，也能拍摄视频，而且越来越多的数码相机采用了 CMOS 图像传感器。如哈苏（HASSELBLAD）H6D-400C MS，配备 1 亿像素的 CMOS 图像传感器，ISO 感光度在 64～12800，WiFi 连接，30fps 实时取景，HDMI/音频接口，3.0in 92 万像素触摸屏，可进行 1080P/4K 视频录制（25fps），可通过 6 重拍摄输出分辨率为 4 亿像素的图像，也可通过 4 重或单次拍摄输出分辨率为 1 亿像素的图像。佳能 EOS-1AX 是一款具有自动对焦/自动曝光功能的单镜头反光式数码相机，采用 CMOS 图像传感器，有效像素约为 2010 万，ISO 感光度在 100～102100。

由于摄影爱好者对数码相机的要求越来越高，目前的高端数码相机像素普遍在 2000 万以上，单反数码相机像素在 2400 万以上，问题是占用的存储空间太大。

三、平板电脑和手机摄像头

CMOS 彩色图像传感器也应用到了平板电脑和手机中。平板电脑和手机摄像头的拍照镜头的组成如图 3-22 所示。平板电脑和手机大多有两个摄像头，一个在前面，与液晶屏幕同一方向，用于上网视频聊天和视频通话，也可以拍照片；另一个在背面，用于拍照片，这时液晶屏幕作为取景显示。

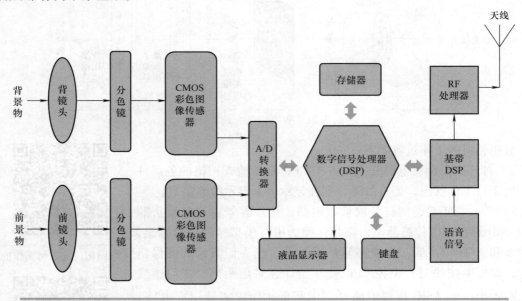

图 3-22　平板电脑和手机摄像头的拍照镜头的组成

华为 MatePad Pro 平板电脑（图 3-23）于 2021 年 6 月上市，搭载自主研发的 HarmonyOS 2 操作系统，12.6in OLED 全面屏（分辨率为 2560×1600 像素），麒麟 9000 系列芯片，机身尺寸为 184.7mm×286.5mm×6.7mm，重 609g，配置 10050mA·h 电池，本地视频播放时长为 14h，其后置摄像头配置为：1300 万像素高清摄像头（照片为分辨率为 4160×3120

像素，摄像分辨率为 3840×2160 像素）＋800 万像素广角摄像头（照片分辨率为 3262×2448 像素，摄像分辨率为 3840×2160 像素）＋3D 深感摄像头；前置摄像头为 800 万像素，其照片分辨率最大支持 3264×2448 像素，摄像分辨率最大支持 1920×1080 像素。

图 3-23　华为 MatePad Pro 平板电脑及后置摄像头

华为 Mate 40 Pro 手机前置摄像头为 1300 万像素，后置为超感知徕卡电影影像系统，分别为 5000 万像素超感知摄像头＋2000 万像素电影摄像头＋1200 万像素长焦摄像头，如图 3-24 所示。

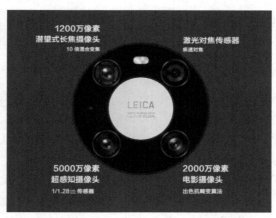

图 3-24　华为 Mate 40 Pro 后置电影影像系统

思考与练习

一、填空题

1. 图像传感器又称为（　　　）。
2. 光敏单元也称为（　　　）。
3. 固态图像传感器一般可分为两种，一种是（　　　），另一种是（　　　）。
4. 无人机云台相机一般采用（　　　）图像传感器。

5. CCD 是（　　　）的缩写。

6. MOS 电容具有（　　　）的功能。

7. 电子空穴对又称（　　　）。

8. 面阵 MOS 电容器的每一个光敏元件（像素）对应有（　　　）个相邻的栅电极。

9. 在低照度下，用光电二极管感光的 CCD 图像传感器（　　　）获得清晰的图像。

10. 光电二极管产生的光生电荷与光的颜色（　　　）关。

11. 场效应晶体管的缩写是（　　　）。

12. 场效应晶体管是利用半导体表面的（　　　）进行工作的。

13. 场效应晶体管的电阻很大，是因为它的（　　　）处于（　　　）状态。

14. 目前应用较多的绝缘栅型场效应晶体管是以（　　　）为绝缘层的。

15. CMOS 线型图像传感器的像素是由一个（　　　）和一个（　　　）组成的。

二、选择题

1. 图像传感器是利用光传感器的（　　　）功能，将其感光面上的光信号图像转换成与之成比例的电信号图像的一种功能器件。

　A. 光 - 电转换　　　　　B. 光 - 热转换　　　　　　C. 光 - 波转换

2. 以下不是 CCD 图像传感器优点的是（　　　）。

　A. 低照度效果好　　　B. 信噪比高　　　　　　C. 色彩还原能力佳　　D. 功耗小

3. 以下不是 CMOS 图像传感器优点的是（　　　）。

　A. 集成度高　　　　　B. 功耗小　　　　　　　C. 成本高　　　　　　D. 速度快

4. 场效应晶体管的电阻最大可达（　　　）Ω。

　A. 10^{10}　　　　　　B. 10^{12}　　　　　　C. 10^{15}　　　　　　D. 10^{18}

5. 与 CCD 图像传感器相比，以下选项中，（　　　）是 CMOS 图像传感器的优点。

　A. 功耗小　　　　　　B. 灵敏度高　　　　　　C. 分辨率高　　　　　D. 噪声低

6. 大疆禅思 X7 云台相机配备的是（　　　）万像素 CMOS 图像传感器。

　A. 1200　　　　　　　B. 1800　　　　　　　C. 2400　　　　　　　D. 3000

7. 大疆 Matrice 300 RTK 无人机双目立体视觉系统中，前视、后视最大测距距离为（　　　）m。

　A. 20　　　　　　　　B. 30　　　　　　　　C. 40　　　　　　　　D. 50

8. 根据人眼的视觉暂留原理，只要拍摄速度超过（　　　）幅/s，再按同样的速度播放，就可以重现变化的外界景物。

　A. 20　　　　　　　　B. 24　　　　　　　　C. 28　　　　　　　　D. 32

9. CCD 图像传感器不能对图像信息进行（　　　）。

　A. 无序传送　　　　　B. 光电转换　　　　　　C. 存储　　　　　　　D. 延时

10. 入射光强，则光生电荷（　　　）。

　A. 少　　　　　　　　B. 多　　　　　　　　C. 不变　　　　　　　D. 不一定

11. MOS 电容器的栅极电压越高，产生的陷阱越（　　　）。

　A. 不变　　　　　　　B. 不一定　　　　　　　C. 深　　　　　　　　D. 浅

12. CCD 图像传感器的灵敏度比 CMOS 图像传感器（　　　）。

　A. 相同　　　　　　　B. 不一定　　　　　　　C. 低　　　　　　　　D. 高

13. CCD 图像传感器的分辨率通常（　　）CMOS 图像传感器。

A. 大于　　　　　　　　B. 小于　　　　　　　　C. 等于　　　　　　　　D. 不一定

14. CMOS 图像传感器的噪声比 CCD 图像传感器（　　）。

A. 相同　　　　　　　　B. 不一定　　　　　　　C. 小　　　　　　　　　D. 大

15. CCD 图像传感器的成本（　　）于 CMOS 图像传感器。

A. 等　　　　　　　　　B. 不一定　　　　　　　C. 低　　　　　　　　　D. 高

三、简答题

1. 图像传感器的定义是什么？

2. 图像传感器能实现哪些功能？

3. CCD 芯片由哪些部件构成？

4. CCD 图像是如何将光图像转换成电图像的？

5. 简述彩色传感器的原理。

6. 与长度相同的单读式相比，双读式 CCD 的优点有哪些？

7. CMOS 和 CCD 图像传感器的差异有哪些？

8. 双目立体视觉的定义是什么？

项目四
超声传感器
认知与测距实验

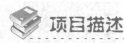

1942 年，奥地利人 Dussik 首次应用 A 型超声（穿透法）检查及诊断颅脑疾病。1952 年，B 型超声开始应用于临床，用于诊断腹部、泌尿系统、妇产科疾病。1974 年，灰阶、实时超声动态地观察了人体脏器的活动，如心脏的跳动、胎儿在子宫内的运动等。20 世纪 80 年代末，彩超问世。

彩超诞生初期，因为种种原因，国内企业只能选择与外企合作生产彩超机，但彩超机的核心技术被外企牢牢掌控，"GPS（GE，Philips，Siemens）"三大超声巨头占据了市场 95% 以上的份额，形成了绝对垄断。

为了打破国外的垄断，实现超声仪器的国产化，我国超声仪器研制的先行者姚锦钟于 1997 年以引进的美国 ATL 公司彩超机为基础，于 2004 年研制出全球第一台 15in 大屏幕全功能便携式彩超机，从此实现了彩超机的国产化。

彩超机通常由探头（相控阵、线阵、凸阵、机械扇扫、三维探头、内窥镜探头等）、超声波发射/接收电路、信号处理和图像显示等部分组成。彩超机利用超声多普勒技术和超声回波原理，同时采集血流运动信息、组织运动信息，对人体器官组织成像。彩超机可对心脏、肝、胆等全身性脏器进行检查，可用于诊断各种心血管疾病及实质性脏器疾病和各种血管疾病、胃肠道疾病等。

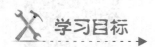

超声传感器是将超声波信号转换成其他能量信号（通常是电信号）的传感器。超声波碰到杂质或分界面会产生显著反射，形成反射回波，碰到活动物体能产生多普勒效应。

本项目拟通过超声波应用案例调研、超声传感器模块及特性参数调研和用超声传感器模块测量物体间的距离实验等任务，使学生认识超声传感器，掌握超声波和超声传感器的基本特性，会用超声传感器模块测量物体间的距离，并增强学生的规范操作、团队协作意识。

学习目标

素质目标
1. 增强爱护公物意识、环保意识。
2. 增强规范操作意识、团队协作意识。
3. 增强语言、文字表达能力和沟通能力。

知识目标
1. 掌握超声波的特性。
2. 掌握压电式超声探头的组成及工作过程。
3. 掌握无人机用超声传感器的特性。
4. 掌握用超声传感器模块测距的方法。

能力目标

1. 会查找、整理文献资料。
2. 会用超声传感器模块测量物体间的距离。

任务一　超声波认知

任务描述

超声波的波长较短、衍射小，能够定向传播，具有很强的贯穿能力。本任务通过对超声波应用案例的调研来掌握超声波的基本特性。

任务实施

任务实施步骤如下：

1）列举生活中常见的超声波应用实例，并说明应用领域及主要目的。
2）查阅资料，收集超声波应用实例，小组总结汇报超声波的应用情况。

知识链接

发声体产生的振动在空气或其他物质中的传播称为声波，更广泛地讲，将物体振动发生的并能通过听觉产生印象的波都称为声波。人耳能听到的声音是由物体振动产生的，其频率在 20Hz ~ 20kHz 范围内。如图 4-1 所示，频率超过 20kHz 的声波称为超声波，低于 20Hz 的声波称为次声波。工业检测常用的超声波频率范围为 $2.5 \times 10^4 \sim 1 \times 10^7$ Hz。

认识超声波

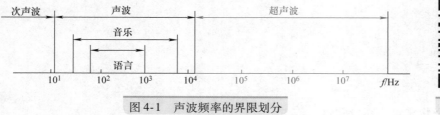

图 4-1　声波频率的界限划分

超声波

一、超声波的特性

当超声波从一种介质传播到另一种介质时，由于在两种介质中的传播速度不同，在界面上会产生反射、折射和波型转换等现象。

1. 超声波的反射与折射

超声波从一种介质传播到另一种介质，在两个介质的分界面上，一部分超声波被反射，另一部分超声波透射过界面，在另一种介质内部继续传播，这两种情况称为超声波的反射与折射，如图 4-2 所示。

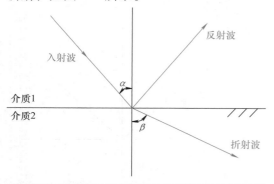

图 4-2　超声波的反射与折射

超声波的反射与折射

超声波的波型

入射角和折射角存在如下的关系

$$\frac{\sin\alpha}{\sin\beta} = \frac{c_1}{c_2} \tag{4-1}$$

式中　c_1、c_2——超声波在两种介质中的传播速度；

$\quad\quad\alpha$——入射角；

$\quad\quad\beta$——折射角。

纵波

2. 超声波的波型及其转换

（1）波型　根据声源在介质中的施力方向与波在介质中传播方向的不同，声波通常可分为纵波、横波、表面波 3 种波型。质点的振动方向与波的传播方向一致的波称为纵波；质点的振动方向与波的传播方向垂直的波称为横波；质点的振动方向介于纵波与横波之间，质点的振动轨迹是椭圆形（其长轴垂直于波的传播方向，短轴平行于波的传播方向），只沿着表面传播，振幅随振动深度的增加而迅速衰减的波称为表面波。纵波可在固体、液体及气体中传播，横波、表面波只能在固体中传播。

横波

1）第一临界角。超声波纵波倾斜入射到异质界面上，如果第二介质纵波波速 c_{L2} 大于第一介质纵波波速 c_{L1}，则纵波折射角大于纵波入射角，即 $\beta_L > \alpha_L$，随着 α_L 的增加，β_L 也增加。

当 α_L 增加到一定程度时，存在 $\beta_L = 90°$，这时所对应的纵波入射角 α_I 称为第一临界角，如图 4-3 所示。

2）第二临界角。超声波纵波倾斜入射到异质界面上，若第二介质横波波速 c_{S2} 大于第二介质纵波波速 c_{L2}，即 $c_{S2} > c_{L2}$，则横波折射角 β_S 大于纵波入射角，即 $\beta_S > \alpha_L$，随着 α_L 的增加，β_L 也增加。

纵波探伤

当 α_L 增加到一定程度时，存在 $\beta_S = 90°$，这时所对应的纵波入射角 α_{II} 称为第二临界角，如图 4-4 所示。

第一、二临界角的物理意义如下：

① 当 $\alpha_L < \alpha_I$ 时，第二介质中既有折射纵波也有折射横波；

② $\alpha_L = \alpha_I \sim \alpha_{II}$ 时，第二介质中只有折射横波；

表面波探伤

③ 当 $\alpha_L > \alpha_I$ 时，第二介质中没有超声波，只有表面波。

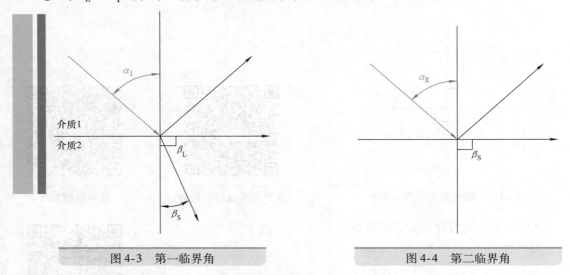

图 4-3　第一临界角　　　　　　　　　　　图 4-4　第二临界角

（2）波型转换　当纵波以某一角度入射到第二介质（固体）的界面上时，除有纵波的反射与折射外，还会发生横波的反射与折射，在某种情况下还能产生表面波，各种波型都符合反射定律和折射定律。

3. 超声波传播中的衰减

随着超声波在介质中传播距离的增加，由于介质吸收能量而使超声波的声压和声强有所衰减。若超声波射入介质时的声压和声强为 P_0、I_0，通过介质后的声压和声强为 P、I，则声压和声强的衰减规律为

$$P = P_0 e^{-Ad} \qquad I = I_0 e^{-2Ad} \qquad (4-2)$$

式中　d——介质的厚度；

　　　A——介质对超声波能量的吸收系数。

介质的能量吸收程度与超声波的频率及介质的密度有很大关系。介质的密度 ρ 越小，超声波衰减越快；超声波的频率越高，衰减也越快，尤其在高频率时衰减更快。因此，在空气中通常采用频率较低（几十千赫）的超声波，而在固体、液体中则采用频率较高的超声波。

超声波在遇到移动物体时会产生多普勒效应（Doppler Effect），使接收到的超声波频率发生变化，由此可以做成多普勒测距系统。

二、超声波的传播速度

超声波的传播速度与介质的密度和弹性特性有关，也与环境条件有关。

在气体中，超声波的传播速度与气体种类、压力及温度有关。超声波在空气中的传播速度 c 为

$$c = 331.5 + 0.607t \qquad (4-3)$$

式中　t——环境温度。

在液体中，其传播速度 c 为

超声波的传播速度与衰减

$$c = \sqrt{\frac{1}{\rho B_g}} \qquad (4-4)$$

式中 ρ ——介质的密度;

B_g ——绝对压缩系数。

在固体中,其传播速度 c 为

$$c = \sqrt{\frac{E(1-\mu)}{\rho(1+\mu)(1-2\mu)}} \qquad (4-5)$$

式中 E ——固体的弹性模量;

μ ——泊松系数。

任务评价

通过以上学习,对任务实施的完成情况和相关知识的了解情况做出客观评价,并填写表4-1。

表4-1 超声波认知任务评价

序号	评价内容	达标要求	小组自评	小组互评	教师评分
1	职业素养	行为习惯好,安全纪律好,工作态度端正,团队合作意识强			
2	超声波的特性	掌握超声波的特性			
3	超声波的传播速度	会计算超声波在不同介质中的传播速度			
4	超声波的应用领域	能较全面地列举超声波的应用领域			
	总体评价				
	再学习评价记录				

任务二 压电式超声探头认知

任务描述

以超声波作为检测手段,必须有能产生超声波和接收超声波的装置,称为超声探头或超声换能器。可根据工作原理不同将超声探头分为压电式、磁致伸缩式、电磁式等类型。本任务通过调研压电式超声传感器模块的特性参数来实现对压电式超声探头的认知。

任务实施

任务实施步骤如下:

1)查阅资料,小组总结汇报超声传感器的类型、工作原理等。

2)查阅相关资料,收集超声传感器模块的类型、性能等资料,填写表4-2。

表 4-2 压电式超声传感器模块

传感器类型	型号	使用电压	感应角度	测量距离	输出电平	精度	尺寸	使用场合	其他

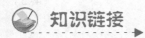 知识链接

压电式超声探头的工作原理

压电式超声探头是利用电致伸缩现象制成的。电致伸缩效应是指电介质在电场中发生弹性形变的现象，是压电现象的逆效应。电介质置于电场中时，它的分子发生极化，沿着电场方向，一个分子的正极与另一个分子的负极衔接。由于正负极相互吸引，使整个电介质在这个方向上发生收缩，直到其内部的弹性力与电引力平衡为止。如在一电介质两端表面间施加交变电压，而且其频率与物体的固有频率相同，它将发生机械共振。

压电式超声探头的工作原理

如图 4-5 所示，在压电材料切片上施加交变电压后，压电材料切片会产生电致伸缩振动，从而产生超声波。常用的压电材料有石英晶体、压电陶瓷、钴钛酸铅（PZT）等。

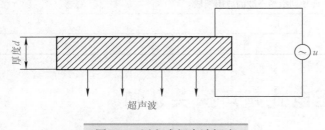

图 4-5 压电式超声波探头

压电式超声探头

压电材料的固有频率 f 与切片厚度 d 有关，即

$$f = \frac{nc}{2d} = \frac{n}{2d}\sqrt{\frac{E}{\rho}} \tag{4-6}$$

式中　n——谐波的级数，$n = 1$，2，3…；

　　　c——超声波在压电材料中传播的纵波波速；

　　　E——杨氏模量；

　　　ρ——压电材料的密度。

压电式超声波接收器一般是利用超声波发生器的逆效应工作的，其结构和发生器基本相同，有时也用同一个超声波探头兼作发生器和接收器。当超声波作用到压电材料切片上使切片伸缩时，在切片的两个界面上便产生交变电荷，这种电荷被转换成电压，经放大后送到测量电路，最后被记录或显示出来。

当外加交变电压的频率等于切片的固有频率时产生共振，这时产生的超声波最强。压电式探头可以产生几十千赫兹到几十兆赫兹的高频声波，其声强可达几十瓦每平方厘米。

任务评价

通过以上学习，对任务实施的完成情况和相关知识的了解情况做出客观评价，并填写表4-3。

表4-3 压电式超声探头认知任务评价

序号	评价内容	达标要求	小组自评	小组互评	教师评分
1	职业素养	行为习惯好，安全纪律好，工作态度端正，团队合作意识强			
2	超声探头类型	掌握超声探头的类型			
3	压电式超声探头	掌握压电式超声探头的结构组成			
4		掌握压电式超声探头的工作过程			
5	压电式超声传感器模块特性参数调研	能区分超声波传感器的种类			
6		能归纳压电式超声波传感器的性能参数与工作条件			
总体评价					
再学习评价记录					

任务三 无人机用超声传感器认知与测距实验

任务描述

在近地面，受气压、气温变化较大的影响，用气压高度传感器检测的无人机飞行高度误差过大，已不能满足无人机安全降落的要求。为了解决这一问题，无人机常搭载超声传感器，以精确检测无人机在近地面的高度。另外，超声传感器还可用于对无人机周边障碍物的检测。本任务旨在通过超声传感器模块测距实验来达到对超声传感器的认知。

任务实施

任务实施步骤如下：

1）准备 HC – SR04 超声传感器模块、UNO 单片机控制电路板、排针、杜邦线、USB A to B 数据连接线、Arduino 软件等。

2）熟悉超声波传感器模块，了解超声波传感器模块的特性参数，了解超声传感器各端口的名称及功能。

3）排针焊接。将排针焊接在 UNO 单片机控制电路板上，焊接后如图4-6所示。

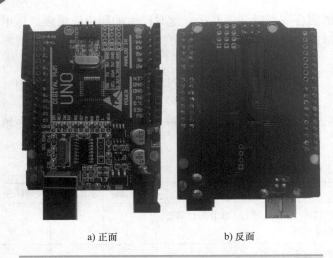

a) 正面　　　　　　　b) 反面

图 4-6　焊接排针后的 UNO 单片机控制电路板

超声传感器模块测距实验

4）硬件连接。用杜邦线按表 4-4 对应的端口将 HC – SR04 超声传感器模块和 UNO 单片机控制电路板连接好，如图 4-7 所示。将 UNO 单片机控制电路板经 USB A to B 数据连接线与计算机相连。

表 4-4　超声传感器模块与单片机控制电路板对应端口

HC – SR04 模块端口	UNO 单片机端口	说明
VCC	5V	电源
Trig	P8	发射端
Echo	P9	接收端
GND	GND	接地

5）测试程序上传。

① 选择 Arduino Uno 开发板。依次单击 Arduino 软件界面上的"工具"→"开发板"→Arduino AVR Boards→Arduino Uno，如图 4-8 所示。

② 选择 USB 端口。依次单击 Arduino 软件界面上的"工具"→"端口"→COM5，如图 4-9 所示。

图 4-7　超声波传感器模块与控制电路板连接图

注意：具体的端口需要在计算机的设备管理器中查找，本任务选择的端口为 COM5。

③ 编辑或导入程序。将编写好的测试程序（代码见附录）粘贴到 Arduino 的主程序编辑框，或打开超声传感器商家提供的测试程序。

④ 验证/编译程序。依次单击 Arduino 软件界面上的"项目"→"验证/编译"或单击界面左上角的图标，程序编译成功后在软件界面左下角会显示编译完成，如图 4-10 所示。

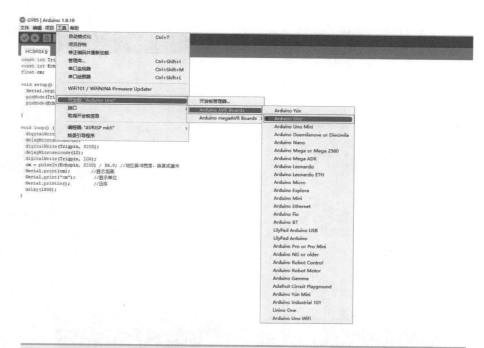

图 4-8　选择 Arduino Uno 开发板

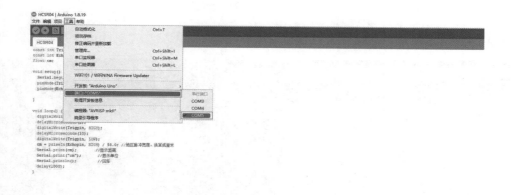

图 4-9　选择 USB 端口

⑤ 上传程序。依次单击 Arduino 软件界面上的"项目"→"上传"或单击界面左上角的 图标，程序上传成功后在软件界面左下角会显示上传成功。

6）测距。依次单击 Arduino 软件界面上的"工具"→"串口监视器"，软件弹出串口监视器。将超声传感器模块靠近物体，串口监视器显示超声传感器模块检测的距离信息，结

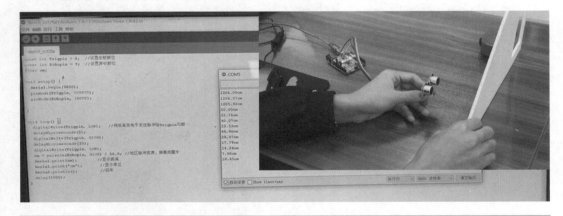

图 4-10　程序编译完成

果如图 4-11 所示。

图 4-11　检测结果

无人机用超声传感器

无人机用超声传感器需选用以空气为传导介质的超声波发射器和接收器，超声波发射器和接收器一般是分开设置的，两者的结构也略有不同。图 4-12 所示为空气传导型超声波发射器和接收器结构简图，发射器的压电材料切片上粘贴了一只锥形共振盘，以提高发射效率和方向性，接收器的共振盘上还增加了一只阻抗匹配器，以提高接收效率。

图 4-13 所示为无人机常用的超声传感器模块，其供电电压一般为 5V。由于超声波在气体中的传播衰减较快，所以其测量距离在 2～450cm 范围内。该模块包括超声波接收器、超声波发射器和控制电路。

无人机用超声传感器

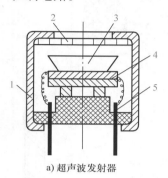

a) 超声波发射器

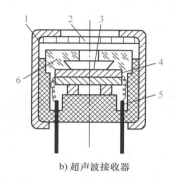

b) 超声波接收器

图 4-12　空气传导型超声波发射器和接收器结构简图

1—外壳　2—金属丝网罩　3—锥形共振盘　4—压电材料切片
5—引线端子　6—阻抗匹配器

空气传导型超声波发射器和接收器

图 4-13　无人机常用超声传感器模块

如图 4-14 所示的 HY－SRF05 超声传感器模块，感应角度小于 15°，探测距离为 20～4500mm，探测精度为 3mm ±1%。其基本工作原理如下：

1）采用 IO 口 Trig 触发测距，发射 10μs 的高电平信号；

2）模块发出 8 个 40kHz 的方波，自动检测是否有信号返回；

3）有信号返回时，通过 IO 口 Echo 输出一个高电平，高电平的持续时间即为超声波从发射到返回的时间。

超声传感器模块测距的工作原理如图 4-15 所示，假设超声波从发射器发出，到接收器接收到该信号所用的时间为 t，则超声传感器模块与障碍物间的距离 H 为

$$H = \frac{vt}{2}\cos\theta \tag{4-7}$$

图 4-14　HY–SRF05 超声传感器模块

超声传感器测距原理

式中　v——超声波在介质中的传播速度（m/s）；
　　　θ——超声波发射路径与发射器到障碍物的垂线之间的夹角（°）。

图 4-16 所示为北京中科浩电科技有限公司生产的 E360 无人机，其顶部搭载的 4 个超声传感器用于无人机周边障碍物的检测，底部搭载的超声传感器用于检测近地面无人机高度。图 4-17 所示为大疆 Phantom 4A 无人机底部搭载的用于检测近地面高度的超声传感器外观。

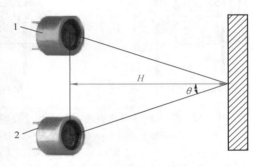

图 4-15　超声波测距原理
1—超声波发射器　2—超声波接收器

避障超声传感器

高度检测超声传感器

图 4-16　E360 无人机搭载的超声传感器

图 4-17　大疆 Phantom 4A 无人机搭载的超声传感器

超声传感器因其测距原理简单、价格便宜，在无人机避障领域应用极为广泛。但超声波在空气中衰减较快，测量距离较短；超声波在遇到海绵等物体时会被吸收；大风对超声波的干扰也较为强烈。因此，无人机的避障系统除了采用超声传感器外，还经常与红外传感器、双目立体视觉系统联合组成避障系统。

任务评价

通过以上学习，对任务实施的完成情况和相关知识的了解情况做出客观评价，并填写表4-5。

表4-5　无人机用超声传感器认知与测距实验任务评价

序号	评价内容	达标要求	小组自评	小组互评	教师评分
1	职业素养	行为习惯好，安全纪律好，工作态度端正，团队合作意识强			
2	无人机用超声传感器特性	掌握超声传感器的特性参数			
3	超声传感器模块测距原理	掌握超声传感器模块的工作过程			
4	超声传感器模块测距操作	会连接测试电路			
5		会调试程序			
6		会用超声传感器测距			
	总体评价				
	再学习评价记录				

知识拓展

一、超声传感器的工业应用

超声传感器的工业应用有两种基本类型，如图4-18所示。超声波发射器与接收器分别

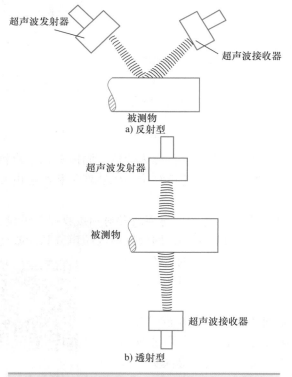

超声波发射器

超声波接收器

被测物
a) 反射型

超声波发射器

被测物

超声波接收器

b) 透射型

图4-18　超声传感器工业应用的两种基本类型

超声传感器的工业应用

置于被测物同侧的超声传感器称为反射型超声传感器，反射型超声传感器可用于测距、测厚、测高、测液位或料位、接近开关以及进行金属探伤等。超声波发射器与接收器分别置于被测物两侧的超声传感器为透射型超声传感器。透射型超声传感器可用于遥控器、防盗报警器、接近开关等。

1. 超声波测厚

用超声波测量金属工件的厚度，具有测量精度高、测试仪器轻便、操作安全简单、易于读数、可实现连续自动检测等优点。超声波测厚常用脉冲回波法，如图 4-19 所示，超声探头与工件表面接触；主控制器产生一定频率的脉冲信号，送往发射电路，经电流放大后激励超声探头产生重复的超声波脉冲；超声波脉冲传到工件另一面发射回来，被同一超声探头接收。则工件的厚度 d 为

脉冲回波法检测工件厚度

$$d = \frac{vt}{2} \tag{4-8}$$

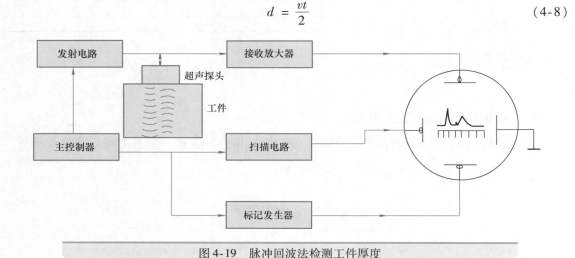

图 4-19 脉冲回波法检测工件厚度

2. 超声传感器测量物位

将存储于各种容器内的液体表面高度计所在的位置称为液位，固体颗粒、粉料、块料的高度或表面所在位置称为料位，二者统称为物位。超声物位传感器就是利用超声波在两种介质分界面上的反射特性制成的。

图 4-20 所示为脉冲回波式超声液位测量示意图。超声波发射和接收探头可设置于水中，让超声波在液体中传播。超声波在液体中衰减比较小，即使发射的超声波脉冲幅度较小也可以传播。超声波发射和接收探头也可以安装在液面的上方，让超声波在空气中传播，这种方式便于安装和维护，但超声波在空气中的衰减比较厉害。

探头发出的超声波脉冲通过介质到达液面，经液面反射后又被探头接收。只要测得从发射超声波脉冲到接收超声波脉冲的间隔时间和超声波在介质中的传播速度，即可求得探头与液

双探头测量水深

面间的距离。

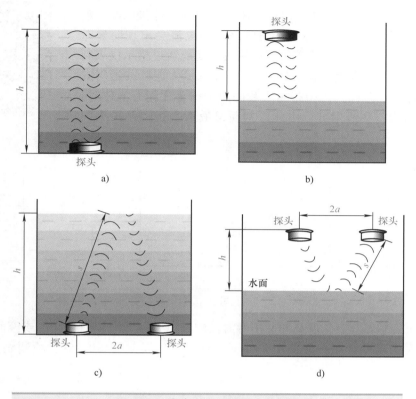

图 4-20 脉冲回波式超声液位测量

对于单探头，如图 4-20a 和图 4-20b 所示，超声波从发射至到达液面，又从液面反射到探头的时间 t 为

$$t = \frac{2h}{v} \tag{4-9}$$

$$h = \frac{vt}{2} \tag{4-10}$$

式中 h——探头距液面的距离。

对于双探头，如图 4-20c 和图 4-20d 所示，超声波从发射到被接收经过的路程为 $2s$，即

$$s = \frac{vt}{2} \tag{4-11}$$

因此，物位高度为

$$h = \frac{\sqrt{s^2 - a^2}}{2} \tag{4-12}$$

式中 s——超声波反射点到探头的距离；

a——两个探头间距的一半。

在生产生活实践中，有时只需要知道液面是否上升到或下降到某个或几个固定位置，此时可采用图 4-21 所示的超声定点式液位计，实现定点报警或液面控制等功能。图 4-21a、b

所示为连续波阻抗式液位计测量物位示意图。由于气体和液体对超声波的阻抗差别很大,当探头发射面分别与气体或液体接触时,超声波的衰减程度差异很大,因而发射电路中的电流会出现明显差异。因此利用一个处于谐振状态的超声探头,就能通过指示仪表判断出探头前方是气体还是液体。图 4-21c、d 所示为连续波透射式液位计测量物位示意图,图中相对安装的两个探头之间有液体时,接收探头才能接收到透射波,由此可判断出液面是否到达探头的高度。

低水位报警

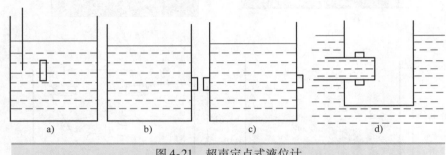

a)   b)   c)   d)

图 4-21   超声定点式液位计

超声物位传感器具有精度高和使用寿命长的特点,但若液体中有气泡或液面发生波动,便会产生较大的误差。在一般使用条件下,它的测量误差为 ±0.1%,检测物位的范围为 $10^{-2} \sim 10^{4}$m。

二、超声传感器的应用

超声传感器配上不同的电路,可制成各种不同的超声仪器及设备,应用于工业生产、医疗、家用电器等行业中。超声传感器的应用情况见表 4-6。

表 4-6   超声传感器的应用情况

应用领域	用途	应用情况
工业	测量高度、距离	无人机
	测量厚度(金属与非金属)	板材、管材、可在线测量
	金属材料及部分非金属材料探伤	各种制造业
	超声振动切削加工(金属与非金属)	钟表业精密仪表、轴承
	超声清洗零件	半导体器件生产
	超声焊接	
	超声流量计	化学、石油、制药、轻工等
	超声液位及料位检测及控制	污水处理
	浓度检测	能制成便携式
	硬度计	
	温度计	—
	定向	
通信	定向通信	—

（续）

应用领域	用途	应用情况
医疗	超声诊断仪（显像技术）	断层图像扫描
	超声胎儿状态检查仪	—
	超声血流计、超声洁牙器	
家用电器	遥控器	控制电灯及家用电器
	加湿器	—
	防盗报警器	
	驱虫（鼠）器	
其他	盲人防撞装置	—
	汽车倒车测距报警器	
	装修工程测距	

思考与练习

一、填空题

1. 声波在 1s 内振动的次数称为（　　　）。

2. 声波在一个振动周期内传播的距离称为（　　　）。

3. 人耳能听到的声音是由物体振动产生的，其频率在（　　　）范围内。

4. 超声波是指频率高于（　　　）的机械波。

5. 根据声源在介质中的施力方向与波在介质中传播方向的不同，声波的波型通常可分为（　　　）、（　　　）、（　　　）3 种。

6. （　　　）可在固体、液体及气体中传播。

7. 随着超声波在介质中传播距离的增加，超声波的声压和声强会有所（　　　）。

8. 介质的密度越小，超声波衰减越（　　　）。

9. 压电式超声传感器利用的是压电材料的（　　　）效应。

10. 超声波在介质中传播时，其能量随传播距离的增加逐渐减弱的现象称为（　　　）。

11. 超声波接收器是利用超声波的（　　　）压电效应制作而成的。

12. 超声波发射电路主要由（　　　）、驱动电路与超声发射探头等组成。

13. 无人机用超声传感器一般用于检测（　　　）和（　　　）。

14. 超声波的频率越高，衰减越（　　　）。

15. 当外加交变电压的频率等于切片的固有频率时，产生（　　　）。

二、选择题

1. 频率低于 20Hz 的声波称为（　　　）。

A. 次声波　　　　B. 声波　　　　C. 超声波　　　　D. 微波

2. 工业检测常用的超声波频率范围为（　　　）。

A. $2 \times 10^4 \sim 1 \times 10^7$ Hz　　　　B. $2.5 \times 10^4 \sim 1 \times 10^7$ Hz

C. $2.5 \times 10^4 \sim 1 \times 10^6$ Hz　　　　D. $2.5 \times 10^5 \sim 1 \times 10^7$ Hz

3. 超声波的波长与频率之间是（　　　）的关系。

A. 正比　　　　B. 反比　　　　C. 相等　　　　D. 无关

4. 当超声波从一种介质传播到另一种介质时，由于在两种介质中的传播速度不同，在界面上不会发生（　　　）现象。

A. 反射　　　　B. 折射　　　　C. 波型转换　　　　D. 增强

5. （　　　）、表面波只能在固体中传播。

A. 纵波　　　　B. 横波　　　　C. 切面波　　　　D. 表面波

6. 常用超声传感器的中心频率不包括（　　　）kHz。

A. 30　　　　B. 75　　　　C. 100　　　　D. 200

7. 压电式超声传感器利用的是压电材料的（　　　）效应。

A. 压电　　　　B. 磁电　　　　C. 光电　　　　D. 压阻

8. 超声波在介质中传播时，其能量随传播距离的增加逐渐减弱的现象称为（　　　）。

A. 扩散　　　　B. 吸收　　　　C. 衰减　　　　D. 散射

9. 介质中质点的振动方向与波的传播方向平行的波称为（　　　）。

A. 横波　　　　B. 纵波　　　　C. 表面波　　　　D. 切面波

10. 介质中质点的振动方向与波的传播方向垂直的波称为（　　　）。

A. 横波　　　　B. 纵波　　　　C. 表面波　　　　D. 切面波

11. 超声探头安装于容器上方，超声波发射到液面上，又从液面发射到探头的时间为 t，超声波传播的速度为 c，那么探头与液面间的高度 h 为（　　　）。

A. $2ct$　　　　B. ct　　　　C. $ct/2$　　　　D. $ct/4$

12. 超声波在30℃的空气中的传播速度为（　　　）m/s。

A. 340　　　　B. 331.5　　　　C. 349.7　　　　D. 358.5

13. HY – SRF05 超声传感器模块的测量距离一般为（　　　）m。

A. 0.02 ~ 0.45　　B. 0.03 ~ 0.5　　C. 0.05 ~ 0.45　　D. 0.02 ~ 0.6

14. 超声波的频率越高，衰减越（　　　）。

A. 快　　　　B. 不变　　　　C. 不一定　　　　D. 慢

15. 当外加交变电压的频率（　　　）压电材料切片的固有频率时产生共振，这时产生的超声波最强。

A. 大于　　　　B. 等于　　　　C. 小于　　　　D. 不等于

三、简答题

1. 超声波从一种介质传播到另一种介质的过程中，入射角和折射角的关系是什么？

2. 第一、二临界角的物理意义是什么？

3. 超声波声压和声强的衰减公式是什么？

4. 简述电致伸缩效应。

5. 简述 HY – SRF05 超声传感器模块的工作原理。

项目五

红外传感器
认知与实验

项目导入

党的十八大以来，中国高铁发展进入快车道，运营里程快速攀升。2013 年突破1 万 km，2016 年突破2 万 km，2019 年突破3 万 km，2021 年突破4 万 km，"四纵四横"高铁网提前建成，"八纵八横"高铁网加密成型。如今，我国高铁里程可绕地球赤道一圈，稳居世界第一。与此同时，中国高铁技术水平飞速提升，形成了涵盖高铁工程建设、装备制造、运营管理三大领域的成套高铁技术体系，总体进入世界先进行列。

列车在运行过程中，车轴与轴承相互摩擦会产生热量。当车轴或轴承出现故障时，摩擦力会增大，产生的热量就随之增加，轴箱的温度也随之升高。因此，测定轴箱的温度变化，即可确定轴箱的工作状态是否正常。早期，采用手摸轴箱的办法来判断轴箱的温度变化，这种方法检测人员劳动强度大、效率低，而且手感有差异，没有标准。随着传感器技术的进步，高铁上已采用红外轴温探测传感器来测量轴箱温度的变化。它由探头、轴温信息处理装置、传输线路、信号报警装置等部分组成。

 **项目描述**

红外传感器（也称红外探测器）是利用红外线的物理性质来进行测量的传感器，是能将红外辐射能转换成电能的光敏元件，是红外探测系统的关键部件。

红外传感器常用于无接触温度测量、距离测量、气体成分分析和无损探伤。例如采用红外传感器远距离测量人体表面温度的热红外图像，可以发现温度异常的人员；利用人造卫星上的红外传感器对地球云层进行监视，可实现大范围的天气预报；采用红外传感器可检测飞机上正在运行的发动机的过热情况等。无人机搭载的红外传感器主要用于检测无人机周边的障碍物。

本项目拟通过红外线应用案例调研、红外传感器模块测温实验和红外传感器模块测距实验等任务，使学生认识红外线和红外传感器，掌握红外线特性和红外传感器的基本特性，会用红外传感器模块测量物体温度和物体间的距离，并增强学生的规范操作、团队协作意识。

学习目标

素质目标

1. 增强爱护公物意识、环保意识。

2. 增强规范操作意识、团队协作意识。

3. 增强语言、文字表达能力和沟通能力。

知识目标

1. 掌握红外线的特性。

2. 掌握热释电红外传感器的组成及工作过程。

3. 掌握无人机用红外传感器的特性。

4. 掌握红外线传感器模块功能测试方法。

能力目标

1. 会查找、整理文献资料。
2. 会用红外传感器模块测量物体间的距离。
3. 会用红外传感器模块测量物体表面温度。

任务一 红外线认知

任务描述

红外线是一种不可见光，波长范围为 $0.78 \sim 1000\mu m$。工程上把红外线所占据的波段分为 4 部分，即近红外线、中红外线、远红外线和极远红外线。红外辐射的物理本质是热辐射。物体的温度越高，辐射出来的红外线越多，辐射能量就越强。自然界中温度大于 0K 的任何物体，都能产生红外辐射，但放射的红外线的波长不同，例如人体的温度为 $36 \sim 37℃$，所放射的红外线波长为 $9 \sim 10\mu m$（远红外线）。加热到 $400 \sim 700℃$ 的物体，其放射出的红外线波长为 $3 \sim 5\mu m$（中红外线）。本任务通过调研红外线应用案例来学习红外线的基本特性。

认识红外线

任务实施

任务实施步骤如下：

1）列举生活中常见的红外线应用实例，并说明应用场景及主要目的。
2）查阅资料补充红外线应用案例，小组总结汇报红外线的应用情况。

知识链接

红外线的性质与可见光或电磁波的性质一样，具有反射、折射、散射、干涉、吸收等特性，在真空中也以光速传播，具有明显的波粒二相性。大气层对不同波长的红外线存在不同的吸收带。红外线在通过大气层时，有 3 个波段透过率高，它们是 $2 \sim 2.6\mu m$、$3 \sim 5\mu m$、$8 \sim 14\mu m$，统称为"大气窗口"。红外探测器一般都工作在这 3 个波段（大气窗口）之内。

红外线的性质

用红外线作为检测媒介来测量某些非电量，比用可见光作为媒介的检测方法要好。其优越性表现在：①中、远红外线不受周围可见光的影响，故可昼夜测量；②待测对象能发射红外线，所以不设光源；③大气对"大气窗口"范围内的红外线吸收甚少，故适用于遥感技术。

"大气窗口"

一、红外辐射源

发射红外线的物体和器件，皆称为红外辐射源。它通常分为以下几类。

1）标准辐射源，包括绝对黑体模型、能斯脱灯和硅碳棒等，常用于实验室中红外仪器和系统标定。

2）工业用辐射源，包括碳弧灯、发电光辐射器、电加热的杆状和面状辐射器、气体加热辐射器等。

3）自然红外辐射源，包括太阳、月亮、行星、大气和云层等。

4）发光二极管和半导体激光器、固体激光器和气体激光器等。

5）红外装置或系统需要探测的辐射源，包括飞机发动机、机壳或尾喷管的辐射、弹道火箭、航天飞机、人造地球卫星、机动车辆和人体等。

二、红外辐射的基本定律

1. 斯特藩 – 玻尔兹曼定律

斯特藩 – 玻尔兹曼定律揭示了黑体的辐射能力与其温度的关系。该定律指明：黑体辐射力（E_b）与黑体热力学温度的四次方成正比，又称为四次方定律，即

$$E_b = \sigma_b T^4 \tag{5-1}$$

式中 σ_b——黑体辐射常数，$\sigma_b = 5.67 \times 10^{-8}$ W/(m² · K⁴)；

       T——黑体表面的热力学温度（K）。

实际物体的辐射力的计算公式为

$$E_b = \varepsilon \sigma_b T^4 \tag{5-2}$$

式中 ε——实际物体的发射率，为实际物体的辐射力与同温度下黑体的辐射力之比。

2. 基尔霍夫定律

基尔霍夫定律揭示了实际物体在热平衡状态下辐射力与吸收率之间的关系。一个物体向周围辐射能量的同时也吸收周围物体的辐射。基尔霍夫定律指出：任何物体的辐射力（E_r）与吸收率之比恒等于同温度下黑体的辐射力，并且只和温度有关。

$$E_r = \alpha E_b \tag{5-3}$$

式中 α——实际物体的吸收率，$\alpha = \varepsilon$。

黑体能全部吸收投射到其表面上的红外辐射，是在任何温度下全部吸收任何波长辐射的物体，其吸收力与波长和温度无关，即 $\alpha = 1$。

3. 普朗克定律

普朗克定律揭示了绝对黑体的单色辐射力（E_λ）与波长及热力学温度的关系。单色辐射力是辐射物体单位表面积在单位时间内及某一波长下，单位波长间隔向空间辐射的能量。

普朗克定律也称普朗克分布定律，其数学表示为

$$E_\lambda = C_1 \lambda^{-5} \left[\exp\left(\frac{C_2}{\lambda T}\right) - 1 \right]^{-1} \tag{5-4}$$

式中　λ——真空中的波长（μm）；

　　　C_1——真空中的第一辐射常数，$C_1 = 3.742 \times 10^8 \mu m^4 \cdot W/m^2$；

　　　C_2——真空中的第二辐射常数，$C_2 = 1.439 \times 10^4 \mu m \cdot K$。

三、红外探测器

红外传感器一般由光学系统、红外探测器、信号调理电路及显示单元等组成。红外传感器的核心是红外探测器。红外探测器是利用红外辐射与物质相互作用所呈现的物理效应来探测红外辐射的。红外探测器的种类很多，按探测机理的物理效应可分为两大类：一类是器件的某些性能参数随入射的辐射通量作用引起温度变化的热探测器；另一类是利用各种光子效应的光子探测器，即入射到探测器上的红外辐射能以光子的形式与光电探测器材料的束缚电子相互作用，从而释放出自由电子和自由空穴参与导电的器件。

1. 热探测器

热探测器的工作机理是利用红外辐射的热效应，探测器的敏感元件吸收辐射能后温度升高，进而使某些有关物理参数发生相应的变化，通过测量物理参数的变化来确定探测器所吸收的红外辐射。它主要有四类：热释电型、热敏电阻型、热电阻型和气体型。

热探测器的优点是响应波段宽，响应范围可扩展到整个红外区域，可以在常温下工作，使用方便，应用广泛。

2. 光子探测器

光子探测器是利用光辐射与物质相互作用的光子效应制成的器件。光探测器利用入射光辐射的光子流与探测器材料中的电子的相互作用，改变电子的能量状态，从而引起各种电学现象。根据所产生的不同电学现象，可制成各种不同的光子探测器。光子探测器有内光电探测器和外光电探测器两种，后者又分为光电导探测器、光生伏特探测器和光磁电探测器三种。

光子探测器的主要特点是灵敏度高，响应速度快，具有较高的响应效率，但探测波段较窄，一般需要在低温（77K）下工作。

3. 红外探测器的基本参数

（1）响应率　响应率指输出电压与输入的红外辐射功率之比，即

$$\gamma = \frac{U_o}{P} \tag{5-5}$$

式中　U_o——输出电压；

　　　P——红外辐射功率。

（2）等效噪声功率（NEP）　当投射到探测器上的红外辐射功率所产生的输出电压正好等于探测器本身的噪声电压时，此辐射功率即为等效噪声功率。

$$NEP = \frac{P}{\dfrac{U_o}{U_N}} = \frac{U_N}{\gamma} \tag{5-6}$$

式中　U_N——探测器的噪声电压。

（3）探测率（D^*）　探测率实质上是当探测器的敏感元件具有单位面积，放大器的带宽为 1Hz 时，单位功率辐射所获得的信噪比 D^*，即

$$D^* = \frac{\sqrt{S\Delta f}}{\text{NEP}} = \frac{\gamma}{U_N}\sqrt{S\Delta f} \qquad (5\text{-}7)$$

式中 S——探测器的光敏面积；

Δf——放大器的工作带宽。

探测率越高，探测器的性能越好。

（4）响应时间　响应时间指加入或去掉辐射源的响应速度，两种时间相等。

任务评价

通过以上学习，对任务实施的完成情况和相关知识的了解情况做出客观评价，并填写表5-1。

表5-1　红外线认知任务评价

序号	评价内容	达标要求	小组自评	小组互评	教师评分
1	职业素养	行为习惯好，安全纪律好，工作态度端正，团队合作意识强			
2	红外线的特性	掌握红外线的特性			
3	红外辐射基本定律	会计算实际物体的辐射力			
4	红外探测器	能列举红外探测器的种类			
5	红外线的应用	能较全面地列举红外线的应用案例			
总体评价					
再学习评价记录					

任务二　热释电红外传感器认知与测温实验

任务描述

热释电红外传感器不向外发射任何辐射，是被动式探测器，器件功耗很小，且价格低廉，检测距离可达10m。本任务通过热释电红外传感器测温实验来认知热释电红外传感器。

任务实施

任务实施步骤如下：

1）准备 GY－906 IR 红外测温传感器模块、UNO 单片机控制电路板、排针、杜邦线、USB A to B 数据连接线、Arduino 软件等。

2）熟悉热释电红外传感器模块，了解热释电红外传感器模块的特性参数，了解红外传感器模块各端口的名称及功能。

3）硬件连接。用杜邦线按表5-2对应的端口将 GY－906 IR

红外传感器模块测温实验

红外传感器模块和 UNO 单片机电路板连接起来，如图 5-1 所示。将 UNO 单片机电路板经 USB A to B 数据连接线与计算机相连接。

表 5-2　红外传感器模块与单片机控制电路板对应端口

GY－906IR 模块端口	UNO 单片机控制电路板端口	说明
VIN	5 V	电源
SCL	A5	时钟引线
SDA	A4	双向数据引线
GND	GND	接地

4）参考项目四任务三任务实施的步骤，将测试程序（代码见附录）编辑、验证/编译、上传至开发板。

5）功能测试。依次单击 Arduino 软件界面上的"工具"→"串口监视器"，软件弹出串口监视器，将传感器模块靠近物体，串口监视器显示传感器模块检测的温度信息，如图 5-2所示。

图 5-1　红外传感器模块与控制电路板连接图

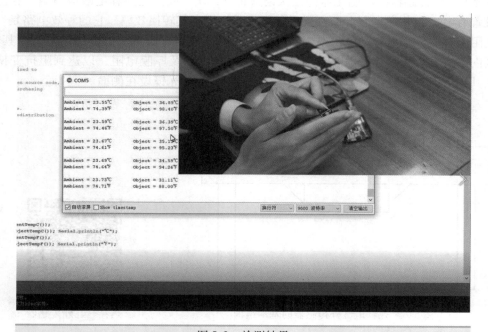

图 5-2　检测结果

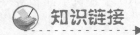

知识链接

一、热释电效应

热释电红外传感器是根据热释电效应工作的。某些强介电常数物质的表面温度发生变化（上升或下降）时，物质表面上随之产生电荷的变化，这种现象称为热释电效应，是热电效应的一种。这种现象在钛酸钡一类的强介电常数物质材料上表现得特别显著。

在钛酸钡一类的晶体上、下表面上设置电极，在上表面加以黑色氧化膜。若有红外线间歇地对其进行照射，则其表面温度上升 ΔT，其晶体内部的原子排列将产生变化，引起自发极化电荷 ΔQ。

热释电效应

设元器件的电容为 C，则在元器件两电极上产生的电压为

$$U = \frac{\Delta Q}{C} \tag{5-8}$$

热释电效应产生的电荷不是永存的，只要它出现，很快便被空气中的各种离子所结合。因此，用热释电效应制成传感器，往往会在它前面加机械式的周期性遮光装置，以使此电荷周期性地出现。只有在测量移动物体时，才有可能不用该周期性遮光装置。

二、热释电红外传感器的结构

热释电红外传感器（压电陶瓷及陶瓷氧化物）的基本结构及其等效电路如图5-3和图5-4所示。该传感器的敏感元器件是钛锆酸铅（PZT）或其他热释电效应材料，在上、下两面设置有电极，并在表面上加一层黑色氧化膜以提高其转换效率。它的等效电路是一个在负载电阻上并联一个电容的电流发生器，其输出阻抗极高，而且输出电压信号又极其微弱，故在其内附有场效应晶体管放大器（即图5-4中的V）及厚膜电阻，以达到阻抗变换的目的。在其顶部设有滤光镜（TO-5封装），树脂封装的滤光镜设在侧面。

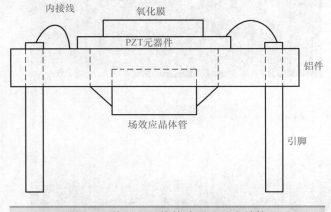

图5-3 热释电红外传感器的基本结构

热释电红外传感器

热释电红外光敏元器件的材料较多，其中以陶瓷氧化物及压电晶体用得最多。例如钛酸铅（PbTiO$_3$），该陶瓷材料性能较好，用它制成的红外传感器已用于人造卫星地平线检测及红外辐射温度检测。钽酸锂（LiTaO$_3$）、硫酸三甘肽（LATGS）及钛锆酸铅（PZT）制成的热释电红外传感器目前用得极广。近年来开发的具有热释电性能的高分子薄膜聚偏二氟乙烯（PVF$_2$），已用于红外成像器件、火灾报警传感器等。

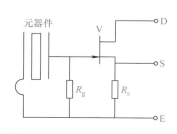

图 5-4　热释电红外传感器的等效电路

R_s—负载电阻，有的传感器内无 R_s（需外接）

三、热释电红外探测模块

热释电红外探测模块由菲涅耳透镜、热释电红外传感器、放大器、基准电压源、比较器、驱动放大电路、继电器或晶闸管组成，如图 5-5 所示。热释电红外传感器产生的微弱电信号经放大器放大，然后与预置的基准电压信号比较，若其大于基准电压信号，则输出高电平，经驱动放大后，控制继电器动作。其中放大器、基准电压源、比较器等电路已有专用集成电路，型号有 BISS0001、HT7600、CS9803GP、KC778B、TWH9511、TWH9512、TWH9601 等。

热释电红外探测模块

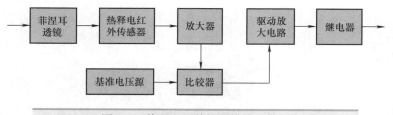

图 5-5　热释电红外探测模块的结构

热释电红外探测模块的结构

热释电红外传感器自身的接收灵敏度较低，一般检测距离仅为 2m 左右，但热释电红外传感器表面罩一块菲涅耳透镜后，可以提高传感器的灵敏度，扩大检测范围，检测距离可以由原来的 2m 增加到 10m。

菲涅耳透镜是一种由塑料制成的特殊设计的光学透镜。其工作原理是：当移动物体或人发射的红外线射入透镜时，在探测器前方产生的一个交替的"盲区"和"高灵敏区"，从而形成了光脉冲。菲涅耳透镜由很多"盲区"和"高灵敏区"组成，当物体或人体移动时，就会产生一系列的光脉冲进入传感器，从而提高传感器的接收灵敏度。物体或人体移动的速度越快，传感器的灵敏度就越高。菲涅耳透镜呈圆弧状，其实物如图 5-6所示。

菲涅耳透镜加装在热释电红外传感器的前方，其焦距正好对准传感器的敏感元器件中心。菲涅耳透镜的工

图 5-6　菲涅耳透镜

作原理如图 5-7 所示。

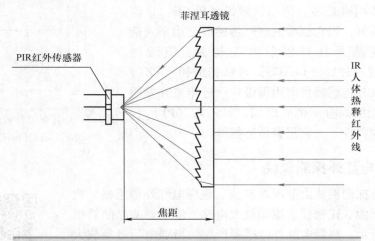

图 5-7　菲涅耳透镜的工作原理

通常将热释电红外传感器和全部电路安装在一个小印制电路板上，然后将其装入一个带有菲涅耳透镜的 ABS 工程塑料外壳内，做成一个组件，对外仅有电源接线和两根信号引线。图 5-8 所示为人体红外感应传感器模块。

图 5-8　人体红外感应传感器模块

表 5-3 为几种热释电红外传感器组件的功能和主要参数，其中 GH608 型具有无线电发射输出功能，热释电红外传感器探测产生的电信号调制在 315MHz 高频信号上发射输出，发射持续时间为 3s，间隔为 8s，可持续反复。其无线发射信号的作用距离为 100m，接收机接收信号并解调后用于远距离探测设备。

表 5-3　热释电红外传感器组件的功能和主要参数

型号	工作电压/V	延迟时间/s	探测角度/（°）	探测距离/m	输出方式
BH9402	DC 5	2～5	120	5	高电平
TWH9241A	DC 12	10	80	7	继电器
CH608	DC 9	3	110	12	315MHz 信号
HT807	AC 220	50	110	5	晶闸管

任务评价

通过以上学习，对任务实施的完成情况和相关知识的了解情况做出客观评价，并填写表5-4。

表5-4　热释电红外传感器认知任务评价

序号	评价内容	达标要求	小组自评	小组互评	教师评分
1	职业素养	行为习惯好，安全纪律好，工作态度端正，团队合作意识强			
2	热释电效应	掌握热释电效应			
3	热释电红外传感器的结构	掌握热释电红外传感器的结构			
4	热释电红外探测模块	掌握热释电红外探测模块的结构组成			
5		掌握热释电红外探测模块的特性参数			
6	GY-906 IR 红外测温传感器模块功能测试	会连接测试电路			
7		会调试程序			
8		会用热释电红外传感器测试物体表面温度			
总体评价					
再学习评价记录					

任务三　无人机用红外传感器认知与测距实验

任务描述

随着无人机的普及，人们对无人机识别和躲避障碍物的功能提出了更高的要求，无人机用超声传感器虽然能检测无人机周边的障碍物，但其检测角度小，且容易受无人机桨频振动的影响而不稳定。为了扩大障碍物的检测范围，提升抗干扰能力，需要在无人机上加装红外传感器。本任务通过红外测距传感器模块的测距实验实现对无人机用红外传感器的认知。

任务实施

任务实施步骤如下：

1）准备 GP2Y0A21 红外测距传感器模块、UNO 单片机控制电路板、端子线、USB A to B 数据连接线、Arduino 软件等。

2）熟悉传感器模块，了解传感器模块的特性参数，了解红外传感器模块各端口的名称及功能。

3）硬件连接。用端子线按表5-5对应的端口将红外测距传感器模块与单片机控制电路板连接起来，如图5-9所示。将 UNO 单片机控制电路板经 USB A to B 数据连接线与计算机相连接。

表 5-5　红外测距传感器模块与单片机控制电路板对应端口

红外测距传感器模块端口	UNO 单片机控制电路板端口	说明
VCC（红线）	5 V	电源电压
V0（黄线）	A0	输出端电压
GND（黑线）	GND	接地端

图 5-9　传感器模块与控制电路板连接图　　　　红外传感器模块测距实验

4）测试程序上传。参考项目四任务三任务实施的步骤，将测试程序（代码见附录）编辑、验证/编译、上传至开发板。

5）功能测试。依次单击 Arduino 软件界面上的"工具"→"串口监视器"，软件弹出串口监视器，将监视器的比特率改为"115200"。将传感器模块靠近物体，串口监视器显示传感器模块检测的距离信息，如图 5-10 所示。

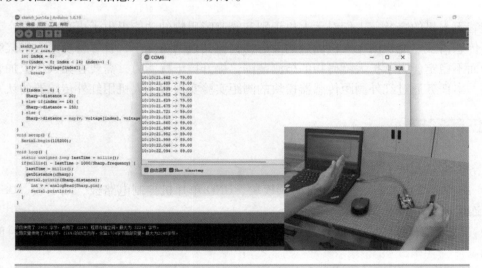

图 5-10　检测结果

知识链接

一、大疆 Phantom 4 Pro 上的红外传感器

如图 5-11 所示，大疆 Phantom 4 Pro 机身左、右侧配备红外传感器，用于侧飞时精准检测障碍物与飞行器之间的距离。红外传感器的有效探测距离达 7m，感知范围为水平方向 70°、垂直方向 20° 的锥体形状。相比于超声传感器，红外传感器不仅探测面积更大，而且能够准确识别距离飞行器最近的物体距离，具备更强的抗干扰能力。

图 5-11　大疆 Phantom 4 Pro 上的红外传感器

二、大疆 Matrice 300 RTK 上的红外感知系统

如图 5-12 所示，大疆 Matrice 300 RTK 是大疆创新科技有限公司研发的一款主要用于航测的行业应用型无人机。该无人机在上、下、前、后、左、右 6 个方位搭载了 6 组红外传感器，用于检测障碍物，传感器的检测距离为 8m，检测角度为 15°。图 5-13 所示为上视红外传感器的检测角度。

红外线会被黑色物体吸收，会穿透透明物体，还会被其他红外线干扰。

图 5-12　大疆 Matrice 300 RTK 上的红外传感器

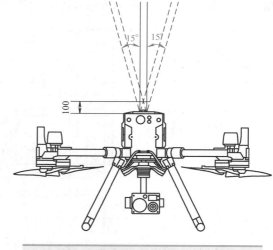

图 5-13　上视红外传感器的检测角度

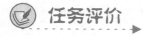 **任务评价**

通过以上学习，对任务实施的完成情况和相关知识的了解情况做出客观评价，并填

写表 5-6。

表 5-6 无人机用红外传感器认知与测距实验任务评价

序号	评价内容	达标要求	小组自评	小组互评	教师评分
1	职业素养	行为习惯好，安全纪律好，工作态度端正，团队合作意识强			
2	无人机用红外传感器	掌握无人机用红外传感器性能参数			
3	红外测距传感器模块测距操作	会连接测试电路			
4		会调试测距程序			
5		会用红外测距传感器模块测距			
总体评价					
再学习评价记录					

 知识拓展

一、红外线气体分析仪

红外线气体分析仪是根据气体对红外线具有选择性吸收的特性来对气体成分进行分析的。不同气体其吸收波段（吸收带）不同，图 5-14 给出了几种气体对红外线的透射光谱。从图中可以看出，CO 气体对波长为 $4.65\mu m$ 附近的红外线具有很强的吸收能力，CO_2 气体则对波长为 $2.75\mu m$ 和 $4.26\mu m$ 附近以及波长大于 $13\mu m$ 的红外线有较强的吸收能力。如分析 CO 气体，则可以利用 $4.65\mu m$ 附近的吸收波段进行分析。

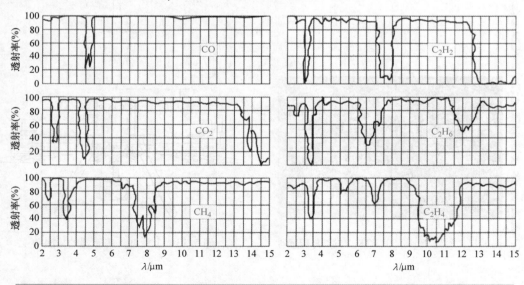

图 5-14 几种气体对红外线的透射光谱

图 5-15 所示为工业用红外线气体分析仪的结构原理图。该分析仪由红外辐射光源、气

室、红外探测器及电路等组成。光源由镍铬丝通过电加热发出 $3 \sim 10 \mu m$ 的红外线,切光片将连续的红外线调制成脉冲状的红外线,以便于红外线信号的检测。测量气室中通入被分析体,参比气室中封入不吸收红外线的气体。红外探测器是薄膜电容型,有两个吸收气室,充以被测气体。当它吸收了红外辐射能量后,气体温度升高,导致气室内压力增大。测量时,两束红外线经反射、切光后射入测量气室和参比气室,由于测量气室中含有一定量的 CO 气体,对 $4.65 \mu m$ 的红外线有较强的吸收能力,而参比气室中气体不吸收红外线,这样就造成射入红外探测器的两个吸收气室的红外线光能量差异,使两吸收气室的压力不同,测量气室的压力小,于是薄膜偏向定片方向,改变了薄膜电容两电极间的

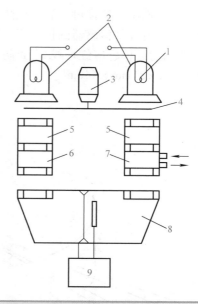

图 5-15 工业用红外线气体分析仪的结构原理图

1—光源 2—抛物体反射镜 3—同步电动机 4—切光片
5—滤波气室 6—参比气室 7—测量气室 8—红外探测器
9—放大器

距离,也就改变了电容 C 。被测气体的浓度越大,两束光强的差值也越大,则电容的变化量也越大,因此电容变化量反映了被分析气体中被测气体的浓度。

二、红外感应模块

红外辐射的物理本质是热辐射,温度低的物体辐射的红外线波长长,反之,温度高的物体辐射的红外线波长短。常温下,所有物体都是红外辐射的发射源,如火焰、汽车、动植物、人体等,但发射的红外波长不同。红外感应实际就是根据物体因表面温度不同会发出不同波段的红外线这一特性进行检测的。

图 5-16 所示为红外感应灯实物图,其感应距离为 5m,光源功率为 8W,延时时间为 8s,感应角度为 120°。

热释电红外传感器多用于检测物体发射的红外线,检测区呈球形,视角一般为 70°左右。为提高传感器的灵敏度和扩大监测范围,可在传感器表面罩一块菲涅耳透镜。在防盗报警系统中所采用的热释电红外传感器为双元型红外传感器,由两个极性相反的热释电元件反向串联组成,其检测示意图如图 5-17 所示。当移动物体发射的红外线进入透镜的监测范围时,就会产生一个交

红外感应模块

图 5-16 红外感应灯实物图

替的"盲区"和"高敏感区",使传感器的两个反向串联的热释电元件产生的热释电信号相

互抵消，传感器无输出，这样可以有效地防止因太阳光等红外线及环境温度变化而引起的误差，从而提高热释电红外传感器的抗干扰性能。

图 5-18 所示为人体感应红外线/声光防盗报警器，探测距离为 8m，感应角度为 110° 左右，尺寸为 71mm × 81mm × 44mm。

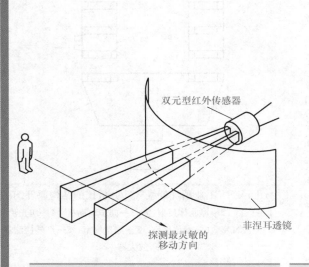

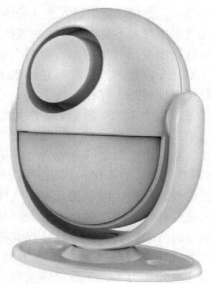

图 5-17　双元型红外传感器检测示意图　　　图 5-18　人体感应红外线/声光防盗报警器

思考与练习

一、填空题

1. 红外线与可见光一样是（　　　）。

2. 红外线是（　　　）光。

3. 红外辐射的物理本质是（　　　）。

4. 物体的温度越高，辐射出来的红外线越（　　　），辐射能量就越（　　　）。

5. 中、远红外线（　　　）周围可见光的影响。

6. 基尔霍夫定律揭示了实际物体在热平衡状态下（　　　）与（　　　）之间的关系。

7. 黑体能全部吸收投射到其表面上的红外辐射，吸收力与波长和温度（　　　）关。

8. 基尔霍夫定律指出：任何物体的辐射力与吸收率之比恒等于同温度下黑体的辐射力，并且只和（　　　）有关。

9. 普朗克定律揭示了绝对黑体的单色辐射力与波长及（　　　）的关系。

10. 热探测器的工作机理是利用红外辐射的（　　　）。

11. 为了增强输出电压信号，热释电红外传感器常附有（　　　）。

12. 热释电红外传感器一般检测距离仅为（　　　）m 左右。

13. 红外线会被（　　）色物体吸收。

14. 热释电红外传感器多用于检测物体发射的红外线，检测区呈球形，视角为一般为（　　）°左右。

15. 热释电效应在（　　）介电常数物质材料上表现得特别显著。

二、选择题

1. 以下对红外线特性描述错误的是（　　）。

A. 红外线与可见光一样是电磁波

B. 红外线属于不可见光，且波长比可见光短

C. 任何物体只要温度高于绝对零度，都会向外辐射红外线

D. 不同温度的物体，辐射的红外波长不同

2. 自然界中温度大于（　　）K 的任何物体，都能产生红外辐射。

A. −273. 15　　　　　B. 0　　　　　C. 273. 15　　　　　D. 300

3. 红外线在通过大气层时，有 3 个波段透过率高，不属于这 3 个波段的是（　　）。

A. 2 ~ 2. 6 μm　　　B. 3 ~ 4 μm　　　C. 3 ~ 5 μm　　　D. 8 ~ 14 μm

4. 自然红外辐射源不包括（　　）。

A. 太阳　　　　　B. 月亮　　　　　C. 云层　　　　　D. 人体

5. 斯特藩 – 玻尔兹曼定律表明，黑体辐射力与黑体热力学温度的（　　）次方成正比。

A. 一　　　　　B. 二　　　　　C. 三　　　　　D. 四

6. 基尔霍夫定律指出：任何物体的辐射力与吸收率之比恒等于同温度下黑体的辐射力，并且只和（　　）有关。

A. 温度　　　　　B. 吸收率　　　　　C. 发射率　　　　　D. 辐射常数

7. 红外传感器的核心是（　　）。

A. 光学系统　　　B. 信号调理电路　C. 红外探测器　　　D. 显示单元

8. 在热释电红外传感器表面罩一块菲涅耳透镜后，检测距离可增加到（　　）m 左右。

A. 8　　　　　B. 9　　　　　C. 10　　　　　D. 11

9. 大疆 Phantom 4 Pro 上的红外传感器的有效探测距离可达（　　）m。

A. 6　　　　　B. 7　　　　　C. 8　　　　　D. 9

10. CO 对波长为（　　）μm 的红外线吸收率高。

A. 3. 25　　　　　B. 4. 25　　　　　C. 4. 65　　　　　D. 5. 65

11. 黑体辐射常数是（　　）× 10^{-8} W/（$m^2 \cdot K^4$）。

A. 3. 67　　　　　B. 4. 67　　　　　C. 5. 43　　　　　D. 5. 67

12. 黑体的吸收率为（　　）。

A. 0. 25　　　　　B. 0. 5　　　　　C. 0. 75　　　　　D. 1

13. 人体放射的红外线波长为（　　）μm。

A. 5 ~ 6　　　　　B. 6 ~ 7　　　　　C. 8 ~ 9　　　　　D. 9 ~ 10

14. 红外线的波长范围一般为（　　）μm。

A. 0. 2 ~ 0. 4　　　B. 0. 4 ~ 0. 75　　C. 0. 78 ~ 1000　　D. 1000 ~ 5000

15. 白体的反射率为（　　）。

A. 0. 25　　　　　B. 0. 5　　　　　C. 0. 75　　　　　D. 1

三、简答题

1. 红外辐射的基本定律有哪些?

2. 斯特藩 - 玻尔兹曼定律的物理意义是什么?

3. 简述热释电效应。

4. 热释电红外探测传感器模块由哪些部件组成?

5. 菲涅耳透镜的工作原理是什么?

6. 与超声传感器相比,红外传感器的优势有哪些?

7. 与可见光相比,用红外线作为检测媒介来测量某些非电量的优越性体现在哪里?

项目六
红外热成像
传感器认知与应用

项目导入

热成像无人机助力疫情防控

无人机凭借其轻便灵活、受地形影响小、覆盖面广的优势，被广泛应用于各地防疫工作中。利用无人机携带的广播设备向人们进行防疫知识的推广宣传及重要信息通知，既可以用于人员密集的高楼层小区，也可以用于比较偏僻的村镇，实现防疫宣传"空中地上"全覆盖。

在新冠肺炎疫情防控的战场上，无人机高空巡查成为疫情防控的新手段。无人机具有机动灵活、巡查快捷、信息反馈及时、工作效率高等特点，在巡查领域成为疫情防控的"尖兵"。无人机可以每天多次巡查各个社区、村庄以及重要交通要道，对未佩戴口罩、违规聚集的市民进行"喊话"，劝导市民安心在家配合疫情防控工作，预防传染。

远程测温是无人机的新"技能"。在无人机上装载红外热成像传感器，借助热成像技术，无人机犹如拥有了一双"透视眼"，不仅可以远距离、全覆盖、高效率地测出区域人群温度或相关人员体温，而且还可以避免大量人力的支出，减少人员接触，实现安全防控。

借助无人机实现"入户测温"，既能高效完成测温工作，又能避免人员接触，减少交叉感染风险。通过无人机喊话，居民打开窗户配合，无人机在小区上空飞行一圈就能实现居家隔离测温，测温精度基本能达到 0.5℃。对于人群聚集的区域，无人机可以自动靠近人群上空，通过高精度红外测温仪对所有人进行在线测温，确定有无发热或体温异常人员。如果发现体温超过预设温度人员，无人机就会报警，并通报数据信息，相关工作人员将有针对性地进行核查。

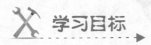 项目描述

自从 1800 年英国著名的物理学家赫胥尔发现了红外线后，红外技术为人类生活做出了巨大贡献，应用领域广阔，如侦测火灾、检查故障、鉴定真伪。最早的红外热成像装置于 1964 年由美国得克萨斯仪器公司研发成功。在此之后，红外成像技术突飞猛进，红外产品种类繁多，生产规模也迅速扩大，红外技术的应用发展逐步迈上新台阶。

本项目拟通过红外热成像传感器及特性调研、无人机用红外热成像仪及特性调研、无人机用红外热成像仪操作和红外热成像传感器应用场景调研 4 个任务，使学生了解红外热成像传感器的结构、原理，掌握无人机用红外热成像仪的使用方法及应用场景，并增强学生的规范操作、团队协作意识。

学习目标

素质目标

1. 增强爱护公物意识、环保意识。
2. 增强规范操作意识、团队协作意识。

3. 增强语言、文字表达能力和沟通能力。

知识目标

1. 掌握红外热成像传感器、光谱分布图、热成像技术的相关定义。

2. 理解热成像仪的工作原理、类型、工作过程等。

3. 熟悉热成像系统的典型构成，能正确识别和选用热成像系统。

4. 掌握无人机用红外热成像仪的性能参数。

能力目标

1. 会查找、整理文献资料。

2. 能完成无人机用红外热成像仪的基础操作。

3. 能完成无人机用红外热成像仪参数配置。

4. 会用无人机用红外热成像仪拍摄热成像照片。

任务一　红外热成像传感器认知

💡 任务描述

根据普朗克辐射定律，自然界中，所有温度在绝对零度（−273℃）以上的物体，都会不停地发出红外辐射（或热辐射）。利用红外热成像传感器测定目标的本身和背景之间的红外线差可以得到不同的红外图像，热红外线形成的图像称为热红外图像。本任务要求调研红外热成像传感器的型号与特性。

⚙ 任务实施

任务实施步骤如下：

1）准备红外热成像传感器，包括手持测温枪、手持红外热成像仪等。

2）熟悉光谱分布图、热成像技术、热成像系统的组成、工作原理等相关概念。

3）按照热成像系统分类，选定调研的目标型号。

4）根据目标型号，查阅并收集资料。

5）对初步整理的资料进行分析研究，运用比较法、归纳法及推理等手段，总结红外热成像传感器的特性，并填写表6-1。

表6-1　红外热成像传感器的型号与特性

型号	波段和模式	探测器	阵列	特点	性能

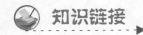

知识链接

一、光谱分布图

可见光是人眼能够感受的电磁波。如图 6-1 所示，可见光的波长为 0.38 ~ 0.78μm。比 0.38μm 短的电磁波和比 0.78μm 长的电磁波，人眼都无法感受。比 0.38μm 短的电磁波位于可见光光谱紫色以外，称为紫外线，比 0.78μm 长的电磁波位于可见光光谱红色以外，称为红外线。红外线是指波长为 0.78 ~ 1000μm 的电磁波。其中波长为 0.78 ~ 2.5μm 的部分称为近红外线，波长为 25 ~ 1000μm 的部分称为远红外线。

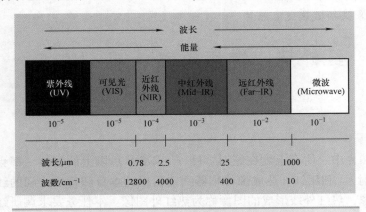

图 6-1　光谱分布图（见彩插）

红外热成像仪的光谱范围

二、热成像技术

照相机成像得到照片，电视摄像机成像得到电视图像，这都是可见光成像。目标的热红外图像和目标的可见光图像不同，它不是人眼所能看到的目标可见光图像，而是目标表面温度分布图像。换句话说，红外热成像使人眼不能直接看到目标的表面温度分布，变成人眼可以看到的代表目标表面温度分布的热红外图像。

热成像技术

热成像仪是通过非接触探测红外能量（热量），并将其转换为电信号，进而在显示器上生成热红外图像和温度值，并可以对温度值进行计算的一种检测设备。热成像技术是指利用红外探测器和光学成像物镜接收被测目标的红外辐射能量分布图形并反映到红外探测器的光敏元件上，从而获得热红外图像，这种热红外图像与物体表面的热分布场相对应。

1. 热成像系统的组成

红外热成像仪是一种成像测温装置，它是利用目标与周围环境之间由于温度与发射率的差异所产生的热对比度不同，把红外辐射能量密度分布图显示出来，成为"热像"。

红外热成像系统一般由红外光学系统、红外探测器、图像采集处理及控制系统、冷却系统和监视器构成，如图 6-2 所示。

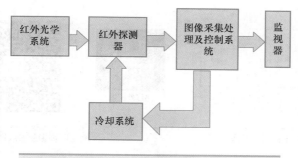

图6-2 红外热成像系统的结构

热成像系统的组成

1）红外光学系统滤除各种杂散光信号，只允许特定波长的红外线信号通过，以提高系统的成像质量。

2）红外探测器将感应到的红外线信号转换为电信号输出，它由红外焦平面阵列和读出电路构成。作为红外成像系统的核心元件，它的性能直接影响红外系统的性能。通常情况下，焦平面阵列光伏效应产生的信号极其微弱，需要经过信号调理电路处理之后才适合输出，而调理过程中会引入噪声，影响红外探测器的性能。读出电路的主要功能是在外部时钟信号的驱动下，完成感应元微弱输出信号的调理，并将经过调理后的电信号按照一定的时序输出。

3）图像采集处理及控制系统实现红外探测器信号的采集处理并完成对整个系统的控制。

4）冷却系统的作用是将红外探测器冷却到合适的温度，以提高红外探测器的性能。非致冷红外探测器不需要冷却系统。

5）监视器用于观察采集处理后的图像。

2. 热成像仪的工作原理

目前，使用较为广泛的红外热成像仪主要采用非致冷焦平面技术，为方便获取被测目标的全景图像信息、改善热像仪的灵敏度和分辨率、缩短获取目标清晰图像所需的最大距离，在其内部集成了数以万计的信号放大装置。

红外热成像仪的基本结构包括光学系统、扫描机构、红外探测器、前置放大器、视频信号预处理电路、显示记录系统和外围辅助装置等，如图6-3所示。

如图6-4所示，红外热成像仪的工作原理是借助红外辐射信号的形式，把被测物体表面温度分布经光学系统和扫描机构成像在红外探测器上，再由红外探测器将其转换成视频信号。这个微弱的视频信号经前置放大器进一步放大处理后，送至终端显示器，显示被测物体表面温度分布的热红外图像。

热成像仪的工作过程

图6-3 红外热成像仪的基本结构

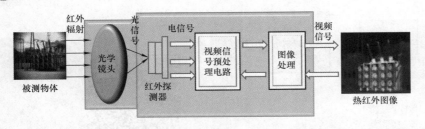

红外热成像仪的工作原理

图6-4　红外热成像仪的工作原理

红外热成像仪能够显示热红外图像的关键在于首先把物体按一定规律进行分割，即要把观测的景物空间按水平和垂直两个方向分割成若干个小的空间单元，接收系统依次扫过各空间单元，并将各空间单元的信号再组合成整个景物空间的图像。因此，在此过程中红外探测器在任一瞬间实际上只接收某一个景物空间单元的红外辐射。扫描机构依次使接收系统对景物空间做二维扫描。于是，接收系统按时间先后依次接收二维空间中各景物单元信息，该信息经放大处理后变成一维时序信号，该信号再与同步信号合成后送到显示器，显示完整的景物热红外图像。

红外热成像仪的应用场景

由于人的视觉对红外线不敏感，所以红外热成像仪必须具有把红外线转变为可见光的功能。在红外热成像仪中，将热红外图像转换成可见光图像分两步进行。第一步是利用对红外辐射敏感的红外探测器把红外辐射变为电信号，该信号的大小可以反映出红外辐射的强弱；第二步是通过电视显像系统将反映目标红外辐射分布的电子视频信号在电视荧光屏上显示出来，实现从电到光的转换，最后得到反映目标映像的可见图像。

3. 红外探测器的分类

1）按红外辐射与探测器的作用方式不同，探测器主要分为光子型探测器和热探测器。光子型探测器包括光导型、光伏型、量子阱、超晶格等不同光子效应的探测器。热探测器包括热释电探测器、热电堆探测器、微测辐射热计等。

2）按照工作温度，探测器可分为制冷型探测器和非制冷型探测器。一般的光子型探测器都需要工作在低温下，因此都是制冷型探测器。即使如 $1\sim3\mu m$ 波段的 PbS 探测器可以工作在室温下，但

红外成像的优势

降低其工作温度也能够显著改善其性能。热探测器一般工作在室温范围内，降低工作温度对其性能改善不明显。制冷式热成像仪的探测器中集成了一个低温制冷器，可以给探测器降温，这是为了使热噪声的信号低于成像信号，成像质量更好。非制冷式热成像仪的探测器不需要低温制冷，采用的探测器通常以微测辐射热计为基础，主要有多晶硅和氧化钒两种探测器。

3）按照敏感元的数量，探测器可分为单元探测器、线列探测器以及焦平面探测器。单元探测器、线列探测器如果用于成像，则必须配备光机扫描器，而焦平面探测器可以实现凝视成像。

4）按照响应波长，探测器可分为短波红外探测器（响应波长为 $1\sim2.5\mu m$）、中波红外

探测器（响应波长为 $3\sim5\mu m$）和长波红外探测器（响应波长为 $8\sim14\mu m$）。

制冷型红外热成像探测器又有第一代、第二代、第三代之分，非制冷阵列热电探测器则被称为第四代。

第一代红外热成像系统主要由红外探测器（含制冷器）、光机扫描器、信号处理电路和视频显示器组成。

第二代红外热成像系统与第一代相比响应速度更快、分辨率更高、视场更大、尺寸更小、质量更轻、可靠性更好、能耗更少、自动化程度更高，且应用范围更广。第二代热成像系统采用位于光学系统焦平面、具有 $n\times m$ 像元且带有信号处理的面阵探测器，即红外焦平面探测器阵列。这种焦平面阵列的优点是既能在焦平面上封装高密度探测器，又能在焦平面上进行信号处理。

目前红外焦平面凝视式阵列探测器被称为第三代红外热成像器件，技术日趋成熟。除 32×32 像元和 64×64 像元凝视式中波红外阵列外，512×512 像元高密度 CMT 阵列已经问世。

光机扫描器原理

表6-2 对各代热成像系统进行了比较。

表6-2　各代热成像系统比较

热成像系统	波段和模式	探测器	阵列	特点	性能
第一代	波段：$3\sim5\mu m$ 或 $8\sim14\mu m$ 模式：光机扫描、制冷器制冷	锑化铟（I_nS_b）、碲镉汞（$H_gC_dT_e$）	I 类：60 像元、120 像元和 180 像元 II 类：Sprite 探测器（扫积型探测器）	采用通用组件红外探测器（含制冷器）、光机扫描器、信号处理电路和视频显示器	最小可分辨温差为 $0.1\sim0.3K$
第二代	波段：$3\sim5\mu m$ 或 $8\sim14\mu m$ 模式：TDI（时间延迟和积分）扫描焦平面阵列、制冷型	锑化铟（I_nS_b）、碲镉汞（$H_gC_dT_e$）	阵列：50×4、100×32 像元	既能在焦平面上封装高密度探测器，又能在焦平面上进行信号处理，性能优于第一代通用组件，缺点：成本高，制造难度大	
第三代	波段：$3\sim5\mu m$ 或 $8\sim14\mu m$ 模式：红外焦平面凝视式阵列、制冷器制冷	锑化铟（I_nS_b）、硅化铂（P_tS_i）、碲镉汞（$H_gC_dT_e$）	阵列：32×32、64×64、128×128、256×256、384×288、512×512（像元）	阵列敏感元件的尺寸小于 $20\mu m$，这一类光探测器的 D^* 很高，可达 $D^*>10^{11}cm\cdot Hz^{1/2}\cdot W^{-1}$，性能优于第二代，但成本更高，制造难度更大	温度灵敏度 $T<0.07K$
第四代	波段：$3\sim5\mu m$ 或 $8\sim14\mu m$ 模式：红外焦平面凝视式阵列、制冷器制冷 模式：非制冷式	热释电材料、氧化钒（VO_x）	单片式或混合式热释电探测器阵列；320×240 像元，氧化钒测微热辐射计阵列、钛酸锶钡热电探测器	优点是可以在室温下工作，一般不需要制冷器，不需要机械扫描装置；质量轻、功耗小、可靠性好；缺点是灵敏度低，响应速度慢	

4. 热成像系统的性能参数

(1) 红外探测器类型　红外热成像仪使用的红外探测器的类型在相当大的程度上决定了红外热成像仪的性能。红外探测器类型是指使用哪一种红外器件，这直接影响检测的精确度。

(2) 工作波段　工作波段是指红外热成像仪中红外探测器的响应波长区域，一般红外热成像仪的工作波段是 $3 \sim 5 \mu m$ 或 $8 \sim 14 \mu m$。

(3) 测温范围　测温是指红外热成像仪在不附加其他镜片的情况下，允许成像目标所具有的温度范围。在附加滤色镜之后，测温范围可以进一步扩展。

(4) 温度分辨率　温度分辨率是仪器可使观察者能从背景中精确地分辨出目标辐射的最小温差。它标志着红外成像设备整机的热成像灵敏度，可以用主观参数和客观参数表示。主观参数为最小可分辨温差和最小可探测温差。它通过观察人员对特定的目标进行主观判断，以临界显示为标准，来确定目标与背景的最小温差，一般情况下以 30℃、空间频率为 80LP/mm 的黑体作为被测目标进行试验。客观参数是噪声等效温差。它通过仪器的定量测量来计算出红外热成像仪的温度分辨率，从而排除了测量过程的主观因素。它定义为当信号与噪声之比等于 1 时的目标与背景之间的温差。

(5) 空间分辨率　红外热成像仪的温度分辨率通常是在空间频率下测量的。在任意空间频率下的温度分辨率，将主要取决于调制传递函数。所以用调制传递函数来描述红外热成像仪的空间分辨率是合适的。

空间分辨率的测定方法主要有两种。一种是以临界显示为标准，由观察人员来确定可以分辨的冷热条级别，从而确定空间分辨率。另一种是使用示波器来显示不同空间频率冷热条对应视频信号的调制度为 1，以调制度为 0.5（或其他值）时的空间频率作为红外热成像仪的空间分辨率。

(6) 帧频　帧频是红外热成像仪每秒钟产生完整图像的画面数，单位为 Hz。

(7) 视场角　视场角是指红外热成像仪光学系统的视场角，表示在光学系统向平面视场光阑内能够成像的空间范围，通常用水平视场角和垂直视场角表示。

(8) 显示记录方式　显示记录方式是指视频监控器、液晶显示器或发光二极管显示。显示记录有磁带录像记录、软驱存盘、PC 卡记录、输出接口、打印机类型等。

(9) 使用环境温度范围　使用环境温度范围指红外热成像仪使用环境允许的温度范围。使用防护罩时，可以扩大这个温度范围。

🖱 **任务评价** ▶

- - - - - - - - - - - ▶

通过以上学习，对任务实施的完成情况和相关知识的了解情况做出客观评价，并填写表 6-3。

表 6-3　红外热成像传感器认知任务评价

序号	评价内容	达标要求	小组自评	小组互评	教师评分
1	职业素养	行为习惯好，安全纪律好，工作态度端正，团队合作意识强			
2	光谱分布图	熟悉光谱分布图中可见光、红外线的波长范围			
3	热成像系统的组成	熟悉热成像系统的组成以及各组成部件的作用			
4	红外热成像仪的工作原理	熟悉红外热成像仪的工作原理及基本结构			
5	红外探测器的分类	正确区分红外探测器的分类，识别红外热成像传感器的型号、类别			
6	热成像系统的性能参数	熟悉具体某型号红外热成像传感器的性能参数			
	总体评价				
	再学习评价记录				

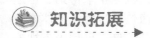 知识拓展

热成像技术发展简介

　　热成像仪是由对红外线敏感的光敏元件发展而来的，但是光敏元件只能判断有没有红外线，无法呈现出图像。在第二次世界大战中，交战各国对热成像仪的军事用途表现出了兴趣，对其进行了零星的研究和小规模应用。1952 年，锑化铟被开发出来，这种新的半导体材料促进了红外热成像仪的进一步发展。不久之后，得克萨斯州仪器公司开发出了具有实用价值的前视红外热成像仪。这一系统采用的是单元件感光，利用机械装置控制镜片转动，将光线反射到感光元件上。随着碲镉汞材料制造工艺的成熟，在军事领域大规模采用红外热成像仪成为可能。20 世纪 60 年代之后出现了由更多感光元件组成的线性阵列，瑞典 AGA 公司将红外热成像仪的应用拓展到了民用领域。然而由于最初采用的是非制冷感光元件，制冷部件加上机械扫描机构，使得整个系统非常庞大。等到 CCD 成像技术成熟之后，焦平面阵列式热成像仪取代了机械扫描式热成像仪。至 20 世纪 80 年代，半导体制冷技术取代了液氮、压缩机制冷之后，开始出现了便携、手持的热成像仪。

　　红外热成像技术的核心技术是探测器技术。1800 年，Herschel 发现太阳光谱中的红外线时所用的水银温度计，可以被认为是最早的红外探测器。此后，尤其是第二次世界大战以来，随着对基本物理理论的不断深入研究以及新材料、新的微加工工艺的迅速发展，高性能新型探测器层出不穷。

　　红外探测器的发展大致可以分为以下三个阶段。

　　1）第一阶段：20 世纪 60 年代中期以前，主要以硫化铅（P_bS）、锑化铟（I_nS_b）及锗

掺汞（G_e：H_g）红外探测器为主，可分别工作在 $1 \sim 3\,\mu m$ 和 $8 \sim 12\,\mu m$ 波段的大气窗口。这时的红外探测器受背景和气象条件的影响较大，抗干扰能力，特别是抗云层反射阳光的能力弱，使其应用受到了很大的限制。

2）第二阶段：20 世纪 60 年代中期至 70 年代中期。这一时期以工作在 $3 \sim 5\,\mu m$ 波段的探测器为主，出现了红外成像技术。在制导武器上得到应用的是多元红外成像系统。

3）第三阶段：从 20 世纪 70 年代中期至今。这段时间内，首先研制成功了工作在 $8 \sim 12\,\mu m$ 波段的长波红外探测器，20 世纪 80 年代又研制成功了以碲镉汞（$H_g C_d T_e$）探测器为主的红外焦平面阵列，之后又开始发展人工控制晶体结构的超晶格多量子阱红外探测器，已试制成的探测器中有一部分取得了与碲镉汞探测器相近的特性，一旦实现了二维阵列，有可能成为取代碲镉汞的下一代探测器。

任务二　无人机用红外热成像仪认知

任务描述

与有人飞行器相比，无人机成本低，机动性能好，能够执行低能见度、低云层的低空飞行，安全性好，可显著增加每天可飞时间、加快作业进度，因此，无人机近年来得到了迅速发展。无人机可搭载可见光相机和红外热成像仪进行航拍。红外热成像仪通过探测物体本身发出的红外线，对景物温度分布进行成像，提供了比可见光相机更多的信息，可用于夜视追踪、搜寻救援、设备巡检等众多领域。本任务要求调研无人机用红外热成像仪的型号与特性。

任务实施

任务实施步骤如下：

1）准备无人机用红外热成像仪，包括大疆禅思 XT 系列红外热成像云台相机、御 2 双光版等。

2）熟悉 XM6A 无人机用红外热成像仪、XT 系列红外热成像云台相机等技术参数。

3）按照无人机用红外热成像仪的参数规格，选定调研的红外热成像仪的目标型号。

4）根据红外热成像仪的目标型号，查阅并收集资料。

5）对初步整理的资料进行分析研究，运用比较法、归纳法及推理等手段，总结无人机用红外热成像仪的特性，并填写表 6-4。

表 6-4　无人机用红外热成像仪的型号与特性

型号	波段和模式	探测器	阵列	特点	性能

一、XM6A 无人机用红外热成像仪

XM6A 无人机用红外热成像仪（图 6-5）采用的探测器具有质量小、体积小、功能强大等优点。这款红外热成像仪本身带有视频输出接口、机载内存卡槽、高清 HDMI 接口、以太网输出接口，是一款操作简单但是功能强大的、可搭载在无人机上进行红外图像采集的红外热成像仪。其具体参数见表 6-5。

图 6-5　XM6A 无人机用红外热成像仪

表 6-5　XM6A 无人机用红外热成像仪技术参数

电气接口	接口参数
以太网	100M 以太网，R45 接口
HDMI	Micro HDMI 接口，输出支持 1080P
模拟视频	PAL/NTSC
串口	可用于控制存储、对焦、调色板等
I / O	输入 33V 下降沿触发抓图或录像
PPM	支持
PWM	支持
存储	可插拔 TF 卡，容量 32G
电源	DC 12V
功耗	2.5 W

二、大疆禅思 XT 系列红外热成像云台相机

大疆禅思 XT 系列云台相机搭载菲力尔长波红外非制冷热成像相机机芯和可见光相机，可同时进行热成像和可见光影像，是大疆创新科技有限公司与菲力尔联合打造的行业无人机影像解决方案。图 6-6 所示为大疆禅思 XT S 红外热成像传感器，内置机器智能技术，其技术参数见表 6-6。它的红外热成像传感器可靠稳定，具备高灵敏度与高分辨率，成像细腻清晰，层次丰富，能为消防、搜救、巡检等提供超越视觉的洞察力。

图 6-6 大疆禅思 XT S 红外热成像云台相机

表 6-6 热红外成像传感器技术参数

项目		内容
热成像传感器		非制冷型氧化钒（VOx）微测辐射热计
尺寸		1055mm × 101mm × 83mm
质量		387g
像元间距		17μm
分辨率		640 × 512
光谱范围		8 ~ 14μm
镜头焦距		19mm
视场角		32° × 26°（f/1.1）
工作温度		-20 ~ +50℃
场景温度范围		-40 ~ +150℃
云台参数	角度抖动量	±0.025°
	可控转动范围	俯仰：-120° ~ +30°；平移：±302°
	最大控制转速	俯仰：90°/s；平移：90°/s

大疆禅思 XT S 红外热成像云台相机与大疆红外热分析工具配合使用，可通过拍摄物体重要位置的温度信息进行物体状态分析。

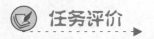
任务评价

通过以上学习，对任务实施的完成情况和相关知识的了解情况做出客观评价，并填写表 6-7。

表6-7　无人机用红外热成像仪认知任务评价

序号	评价内容	达标要求	小组自评	小组互评	教师评分
1	职业素养	行为习惯好，安全纪律好，工作态度端正，团队合作意识强			
2	XM6A 无人机用红外热成像仪	熟悉 XM6A 无人机用红外热成像仪的电气接口与接口参数			
3	XT 系列红外热成像云台相机	熟悉 XT 系列红外热成像云台相机的技术参数			
4	无人机用红外热成像仪的传感器类型	能正确区分无人机用红外热成像仪的传感器类别，归纳其性能参数与工作条件			
	总体评价				
	再学习评价记录				

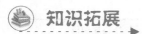
知识拓展

手持红外热成像仪

红外热成像仪是一种无须与设备直接接触便可检测红外波长频谱中的热红外图像的设备，手持红外热成像仪如图 6-7 所示。

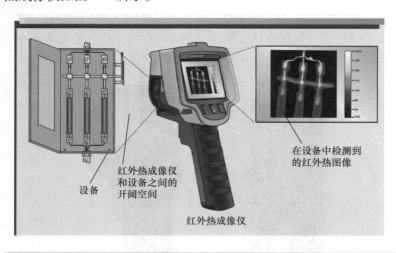

设备

红外热成像仪和设备之间的开阔空间

在设备中检测到的红外热图像

红外热成像仪

图 6-7　手持红外热成像仪

使用手持红外热成像仪可对目标进行表面温度检测，如图 6-8 所示。热像仪旨在检测目标所发出的红外辐射。

手持红外热成像仪在新冠肺炎疫情防控方面起到了积极的作用。表 6-8 是红外热成像仪与额温枪测温的比较。与额温枪相比较，红外热成像仪呈现出了无接触、高效和可视化等特点，因此手持红外热成像仪已用于企事业单位、商场、超市、机场、火车站、汽车站等人流密集场所来往人群温度的测量。

图6-8   使用手持红外热成像仪检测电机表面温度

表6-8   红外热成像仪与额温枪测温比较

项目	额温枪	红外热成像仪
测量距离	1~3cm	1m 左右
测量速度	1~5s	实时
效率	12 人/min	60 人/min
显示	数字显示	热红外图像
存档	测温数据	测温数据及图片

海康威视 TBC－3117－3U 红外热成像仪（图6-9）的性能参数见表6-9。

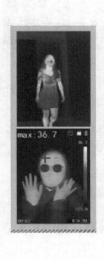

图6-9   海康威视 TBC－3117－3U 红外热成像仪（见彩插）

表6-9　海康威视 TBC –3117 –3U 红外热成像仪的性能参数

项目		参数
热成像系统	探测器类型	非制冷型氧化钒微辐射热计
	探测器分辨率	160 × 120
	响应波段	8 ~ 14μm
	像元尺寸	17μm
	热成像镜头焦距	f 3.1 定焦无热化
	最小测量距离	15cm
	视场角	38.3° × 50°
	光圈	F1.1
测温	测温规则	3 个测温点（中心温、最高温、最低温）
	精度	±0.5℃
	测温范围	30 ~ 45℃
	测温单位	摄氏度、华氏度、开尔文
图像显示	最大图像尺寸	160 × 120
	帧频	25Hz
	显示器	2.4in LCD 屏
	图像模式	白热、黑热、铁红、彩虹

任务三　无人机用红外热成像仪的基础操作

任务描述

大疆禅思 XT 2 与大疆 Pilot App 连接后，在相机界面可预览拍摄画面，如图 6-10 所示。本任务要求完成无人机用红外热成像仪的基础操作与参数配置。

图 6-10　大疆禅思 XT 2 相机界面

1—聚焦　2—云台工作模式　3—开启 FFC　4—数字变焦　5—显示模式　6—辅助设置
7—相机设置　8—拍照/录像切换　9—拍照/录像按键　10—回放按键

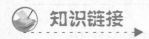

任务实施步骤如下：

1）准备大疆禅思 XT 2 相机、M100 无人机、无人机电池等。

2）熟悉大疆禅思 XT 2 相机界面、大疆 Pilot App 的操作与使用方法。

3）选定任务目标，操作大疆禅思 XT2 相机对目标进行拍摄操作。

4）调节配置参数并获取拍摄画面。

5）针对任务目标的特点，记录并总结无人机载红外热成像仪的参数配置，并填写表 6-10。

表 6-10   红外热成像仪操作与参数配置

任务目标	场景类别	聚焦	云台工作模式	显示模式	相机设置

知识链接

无人机用红外热成像仪基础操作

1. 聚焦

聚焦分为快速跟踪与高温跟踪。

1）快速跟踪是用户用手指划动屏幕框选目标，云台将始终跟随该目标，如图 6-11 所示，红点表示目标区域内最高温点，蓝点则表示最低温点。跟随过程中也可再次框选新目标。若在跟随过程中目标丢失，应重新选择目标。

图 6-11   快速跟踪（见彩插）

2）高温跟踪是云台自动识别拍摄画面中温度最高点（以红点表示，见彩插）并主动跟随，如图 6-12 所示。如果在跟随过程中识别到更高温的点，红点周围将出现圆形虚线（见彩插），单击可使云台跟随更高温点。

图 6-12　高温跟踪（见彩插）

聚焦功能仅适用于配合 M200 系列飞行器时使用，在 M600 系列飞行器上不能使用聚焦功能。

2. 云台工作模式

云台工作模式有跟随、自由、回中三种，可以通过单击选择。

3. 开启 FFC（平面场）校准功能

单击 "FFC" 功能键开启 FFC 校准功能。FFC 校准是相机的一个功能，校准以后的图像质量将得到优化。FFC 校准利用相机内置的一个可活动挡片自动实现。校准过程中大疆 Pilot App 画面将出现约 1s 停顿，同时相机会有 "咔嚓" 声提示。

4. 数字变焦

单击 "X1（数字变焦）" 功能键可进行数字变焦。

5. 显示模式

单击 "显示模式" 功能键可更换实时画面的显示模式，分为可见光、画中画、红外和融合显示模式。

1）可见光模式：只显示可见光相机拍摄的画面。

2）画中画模式：细分为三种显示子模式，如图 6-13 所示，一是在可见光画面中以窗口形式嵌入热成像画面，热成像画面在屏幕中的位置可以选择，如图 6-13a 所示；二是可见光画面和热成像画面以左右分屏的方式显示，如图 6-13b 所示；三是可见光画面与热成像画面以衔接方式显示，如图 6-13c 所示。

3）红外模式：仅显示热成像画面。

4）融合显示：将可见光画面和热成像相机拍摄画面融合显示（图 6-14），融合程度可

a)　　　　　　　　　　b)　　　　　　　　　　c)

图 6-13　画中画模式（见彩插）

以选择低、中、高。选择融合显示时，可开启或关闭测温功能。测温分为点测温和区域测温。

测温功能开关

融合程度设置

图 6-14　融合显示（见彩插）

6. 辅助设置

单击"辅助设置"功能键可进行画中画或融合显示模式设置。

7. 相机设置

单击 MENU 进入相机设置。拍照模式：有单张拍摄、连拍 3/5 张、定时拍摄（2/3/5/7/10/15/20/30s）。照片格式：有 R – JPEG、JPEG、TIFF（14bit）。

热成像相机与可见光相机的视频格式可分别设置。可见光相机的视频格式为 MOV 和 MP4；热成像相机的视频格式为 MOV、MP4、TIFF Sequence 和 SEQ。还可设置可见光相机的视频分辨率。

视频字幕：可开启或关闭视频字幕。

抗闪烁：可根据地区选择抗闪烁参数。

兴趣区域：用户可根据需要选择兴趣区域范围。当兴趣区域为全屏时，整个图像的色阶将按默认配置分布。当画面中有大片天空时，由于天空的温度较低，大量色阶被分配到低温区域，将导致地面部分不同温度区域的显示色彩变化不明显。选择剔除天空区域（33%）或剔除天空区域（50%），意味着将分配在天空区域的色阶数量减少，而将更多色阶分配在地面区域，使地面区域内的色彩变化较明显、图像更清晰，从而更利于观测，如图 6-15 所示。

a) 开启兴趣区域前(全屏)　　　　　　　　b) 开启兴趣区域后

图 6-15　兴趣区域对比

调色板：热成像画面中的颜色用来表示温度，画面中的温度范围将被映射到 256 个色阶上，在 8 bit JPEG 图片以及 MP4、MOV 视频中显示出来。

大疆禅思 XT 2 相机提供多种调色板，每种调色板对应不同的色阶，如图 6-16 所示。

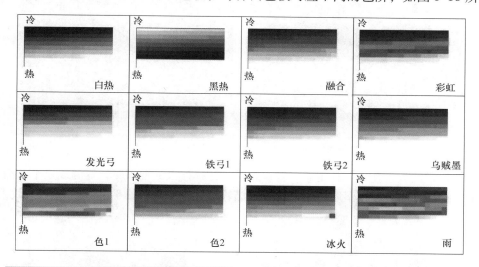

图 6-16　大疆禅思 XT 2 相机提供的调色板（见彩插）

等温线：开启等温线功能可以更直观地看出不同温度的区域，可根据上、中、下三个阈值来设置等温线的值，图 6-17 所示为白热等温线。等温线阈值可选择百分比或温度值。

在阈值"下"以下的温度，使用 128 个灰阶表示。不同区间内的温度，将显示对比度更强的颜色，而相同温度用同一种颜色表示，方便寻找同等

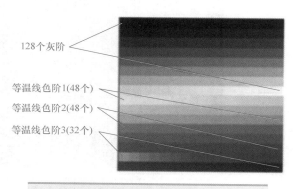

128个灰阶

等温线色阶1(48个)

等温线色阶2(48个)

等温线色阶3(32个)

图 6-17　白热等温线（见彩插）

温度的对象。

在阈值"下"与"中"之间的温度，使用等温线色阶1（共48个色阶）表示。

在阈值"中"与"上"之间的温度，使用等温线色阶2（共48个色阶）表示。

在阈值"上"以上的温度，使用等温线色阶3（共32个色阶）表示。

开启等温线功能的效果如图6-18所示。

a）白热等温

b）黑热等温

c）熔岩等温

d）彩虹等温

图6-18 等温线对比图（见彩插）

等温线提供搜人、搜火、自定义三种设置。当选择搜人或搜火时，等温线三个阈值的温度为固定值，拍摄画面将根据温度值将人物或火焰着重显示出来。图6-19所示为搜人效果图。

图6-19 搜人效果图（见彩插）

增益模式：用于调整相机的温度范围。增益模式有自动、高和低三种。当选择高增益模式时，相机对温度差异更灵敏，但要求画面温度范围较小。当选择低增益模式时，相机测量的温度范围较大，对温度差异灵敏度会降低。相机会根据画面中的温度范围，自动选择合适的增益模式，默认模式为自动模式。

外部参数：用户可设置环境温度、辐射系数等外部参数，用于校准测温公式，使温度测量更精准。

高温警报：启用区域测温功能后，可开启高温警报，用户可以设置高温警报的阈值。当选定区域内的最高温度超过阈值时，将出现相应提示。

任务评价

通过以上学习，对任务实施的完成情况和相关知识的了解情况做出客观评价，并填写表6-11。

表6-11　无人机用红外热成像仪的基础操作任务评价

序号	评价内容	达标要求	小组自评	小组互评	教师评分
1	职业素养	行为习惯好，安全纪律好，工作态度端正，团队合作意识强			
2	大疆禅思 XT2 相机的性能参数	熟悉大疆禅思 XT2 相机的性能参数与工作适用范围			
3	大疆禅思 XT2 相机的启动与关闭	掌握大疆禅思 XT2 相机的启动与关闭基本操作流程			
4	图像的聚焦与捕捉	能正确设置聚焦功能、云台工作模式、FFC 校准、数字变焦等参数			
5	显示模式与相机设置	能正确完成显示模式、相机设置等配置功能			
	总体评价				
	再学习评价记录				

知识拓展

Thermo Vison A40M 红外热成像仪

图6-20 所示为可搭载在无人机上的 Thermo Vison A40M 红外热成像仪，图中 1 为以太网接口，2 为数字信号 I/O 接口，3 为模拟信号 I/O 接口，4 为 RS232 接口，与机载检测系统的嵌入式工控机连接，可以通过该串口向红外热成像仪发送控制指令，5 为 12V 直流电源接口，6 为 BNC 视频接口，7 为航空电源插口。

该红外热成像仪的控制指令主要包括：自动对焦、拍照、温度范围调节、视频模式调节。可通过串口发送控制指令，从而实现对红外热成像仪的控制。图6-21 所示为将该红外

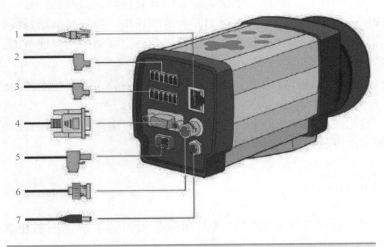

图 6-20   Thermo Vison A40M 红外热成像仪及其接口

热成像仪搭载在无人机上对电力线路进行巡检的热红外图像。

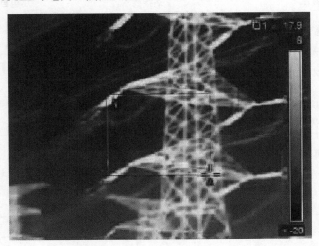

图 6-21   Thermo Vison A40M 红外热成像仪电力线路巡检热红外图像（见彩插）

任务四   无人机用红外热成像仪的应用

任务描述

近年来，随着低空无人机遥感技术的发展，红外热成像仪体积的缩小和温度灵敏度的提高，使无人机搭载红外热成像仪已经广泛应用到各个领域。红外热成像技术应用领域见表 6-12。本任务要求调研无人机用红外热成像仪的应用场景与工作流程。

表 6-12　红外热成像技术的应用领域

应用领域	具体应用
农业	监测作物叶面积指数、水分亏缺等
林业	监测森林火灾
电力	监测火电厂火灾，监测变电站设备，检测太阳能电池板
煤矿	监测煤场火灾隐患，检测煤矿透水
小型无人操作系统	监测无人机夜视、遥感
交通	监测道路，监测铁路高架接触网悬链
能源	检测钻井平台火焰，监测大气污染物排放，监测污水排放
安防	监测机场安全热报警系统，监测边防安全，监测沿海安全
研究	研究火山、燃料电池、氧气瓶充气安全、文物保护与修复应用、运动装备
户外活动	监测野生动物，保护珍稀物种
消防	定位热点和失踪的目标

任务实施

任务实施步骤如下：

1）准备无人机用红外热成像仪，包括大疆禅思 XT 系列红外热成像云台相机、御 2 双光版等。

2）熟悉输电线路巡检、农作物温度监测、光伏组件巡检、工业管道巡检等场景的应用要求。

3）分析不同应用场景对无人机用红外热成像仪的参数要求，了解各应用场景的工作流程。

4）选定任务场景及无人机用红外热成像仪，查阅并收集资料。

5）对初步整理的资料进行分析研究，运用比较法、归纳法及推理等手段，总结无人机用红外热成像仪的应用场景、系统组成、工作参数与特点，填写表 6-13。

表 6-13　无人机用红外热成像仪应用场景分析

应用场景	设备型号	系统组成	性能参数	特点

知识链接

一、输电线路巡检

架空输电线路中的杆塔、绝缘子、导线、地线、金具、拉线等元件，不但要承受正常的机械负荷和电力负荷，还要经受风、雨、雪、冰、雷电等自然条件的袭击。利用红外热成像仪对输电线路设备进行检测，可以发现其明显的、隐蔽的功能性过热故障，把多重风险降低。红外诊断能提前检查出故障信息，并能在运行条件下监视输电线路缺陷状况，识别和分析缺陷的发展状态。

如图 6-22 所示，无人机输电线路巡检系统主要由多旋翼无人机平台、机载可变焦相机（红外相机和可见光相机）、三轴云台系统、遥测遥控系统和图像处理平台等组成。

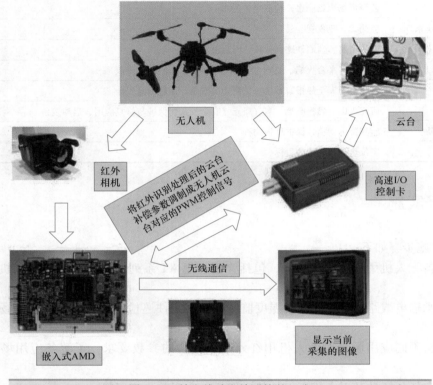

无人机

云台

红外相机

将红外识别处理后的云台补偿参数调制成无人机云台对应的PWM控制信号

高速I/O控制卡

无线通信

嵌入式AMD

显示当前采集的图像

图 6-22　输电线路巡检系统的组成

无人机飞行过程中通过云台上搭载的红外相机寻找目标，通过对采集到的输电线路的热红外图像进行处理，输出 PWM 信号，实时调节云台的角度，使得热红外图像始终能跟随输电线路的走势。图 6-23 所示为无人机巡检输电线路。

图 6-23　无人机巡检输电线路

对无人机载红外相机拍摄到的杆塔、输电线路上的金具、绝缘子、变压器的热红外图像（图6-24）进行色彩对比分析，再根据图6-25所示的流程判断电气设备发热故障类型，然后应用相对温差判别法或同类设备对比法对热红外图像进行分析处理，若未发现缺陷，则对下一张热红外图像进行处理；若发现某线路段存在缺陷，则需判断缺陷的严重程度，对可能产生故障的线路段进行预警，对出现故障可能性较高或已出现故障的线路段，则需要安排工作人员进一步检修。

a) 线路杆塔热红外图像

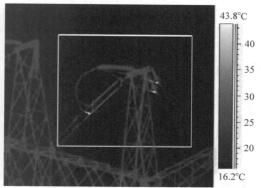

b) 高压输电线路金具热红外图像

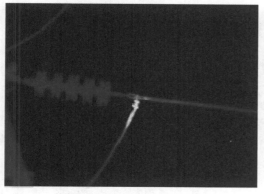

c) 输电线路绝缘子引流线热红外图像

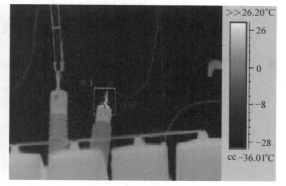

d) 变压器出线接头热红外图像

图6-24 无人机拍摄的输电线路热红外图像（见彩插）

二、玉米冠层温度监测

在当今可用的遥感信息源越来越多的情况下，农业无人机遥感技术以其方便、快捷、成本低、可云下飞行的优势，成为指导田块精细尺度农业生产信息获取和管理的重要手段。无人机载热红外遥感通过响应作物在热红外波段范围内发射的热能来进行测量或成像。

作物冠层温度是指作物冠层不同高度茎、叶表面温度的平均值，是农田活动层与其周围环境进行能量交换的结果，是研究土壤、作物和大气之间进行水、热交换传输的重要参数，是判断作物生理状况的指标之一，因此可以利用玉米冠层温度辅助玉米抗旱性状的监测。

利用无人机拍摄的热红外图像提取玉米冠层温度的技术流程如图6-26所示，提取到的

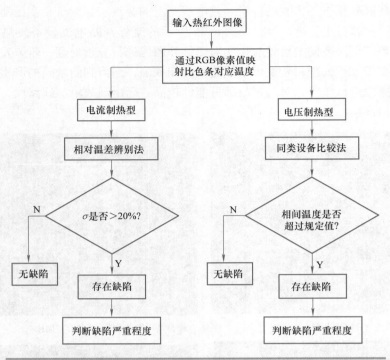

图 6-25 红外温度数据诊断流程

玉米冠层温度分布如图 6-27 所示，从而可对玉米的抗旱性状进行监测。

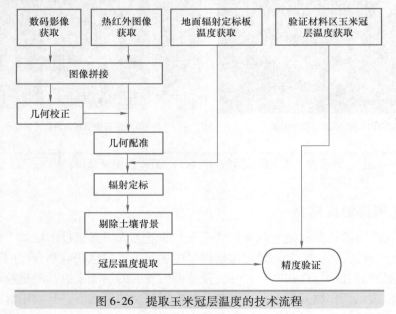

图 6-26 提取玉米冠层温度的技术流程

三、光伏组件巡检

近几年，随着光伏产业的不断发展，光伏发电并网给光伏电站的运营维护带来了巨大压力。由于光伏发电设备属于分散式发电设备，具有设备数量多、占地面积大的特点，且大部分光伏电站地处荒漠、山地、水上及采矿沉降区等复杂环境中，因此光伏电站的运营维护较为复杂和困难。

如图 6-28 所示，某光伏电站维护人员使用手持红外热成像仪对 200 块光伏组件进行红外热成像检测，共耗时 10min，发现有两块光伏组件存在明显热斑（图 6-28a）；采用无人机巡检方式时，光伏电站维护人员使用无人机对 200 块光伏组件进行红外热成像检测，共耗时 1min，同样发现有两块光伏组件存在明显热斑（图 6-28b），两种巡检方式的结果一致。因此，利用无人机对光伏组件进行日常巡检及定期的红外热成像检测成为减轻光伏电站维护人员工作负担的有效方式之一。

无人机巡检与传统人工巡检效果对比见表 6-14。可见，较传统人工巡检方式，无人机巡检方式在提高光伏组件的巡视效率、巡视经济性及应用范围方面均具有明显的优势。

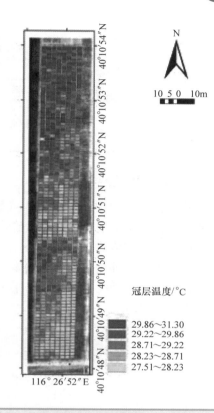

图 6-27　玉米冠层温度分布（见彩插）

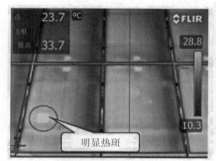

a）手持红外热成像仪成像图

b）无人机用红外热成像仪成像图

图 6-28　两种巡检方式下的热红外图像（见彩插）

表 6-14　无人机巡检与传统人工巡检效果对比

对比内容		无人机巡检	传统人工巡检
巡检效果对比	日常巡检	由 1 人完成，每日巡检时间为 09：00 ~ 17：00，每日可巡检 40 个光伏方阵	由 2 人完成，每日巡检时间为 09：00 ~ 17：00，每日可巡检 5 个光伏方阵
	专项巡检	由 1 人完成，每日巡检时间为 10：00 ~ 16：00，每日可巡检 10 个光伏方阵	由 2 人使用 1 台专业手持红外热成像仪进行巡检，每日巡检时间为 10：00 ~ 16：00，每日可巡检 1 个光伏方阵

（续）

对比内容		无人机巡检	传统人工巡检
巡检经济性对比	设备成本	约10万元	1台专业手持红外热像仪约30余万元
	故障维修成本	国内可维修，时间成本及维修价格低	德国维修，时间成本及维修价格高
红外热成像设备精度对比		测试精度较低，更适用于大范围及长距离测温	测试精度较高，适用于小范围精确测温

四、工业管道巡检

管道运输是一种用于运输流体（液体或气体）或流体与固体混合物的特殊运输方式。红外管道检测技术适用于远距离运输管道系统，利用无人机机载热成像设备，可识别和定位管道的隔热隐患和传输介质的泄漏。

无人机作为红外热成像仪的载体，红外热成像仪作为管道检测的工具，两者结合沿着工业管道巡检（图6-29），将检测结果上传到上位机，即可直观得到管道表面的温度分布情况，如图6-30所示。

图6-29 无人机搭载红外热成像仪巡检工业管道

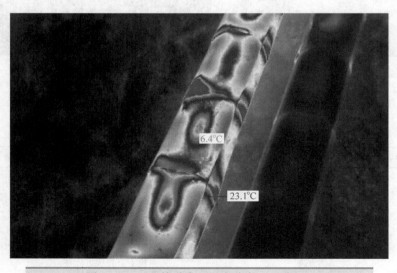

图6-30 工业管道表面温度分布（见彩插）

通过以上学习，对任务实施的完成情况和相关知识的了解情况做出客观评价，并填写表6-15。

表6-15 无人机用红外热成像仪的应用任务评价

序号	评价内容	达标要求	小组自评	小组互评	教师评分
1	职业素养	行为习惯好，安全纪律好，工作态度端正，团队合作意识强			
2	输电线路巡检	熟悉输电线路巡检红外温度数据诊断流程、巡检系统组成、输电线路热红外图像拍摄过程			
3	光伏组件巡检	熟悉光伏组件巡检红外温度数据诊断流程、巡检系统组成、光伏组件热红外图像拍摄过程			
	总体评价				
	再学习评价记录				

思考与练习

一、填空题

1. 红外线是指波长为（　　　）μm 的电磁波。

2. 目标的热红外图像和目标的可见光图像不同，它不是人眼所能看到的目标可见光图像，而是（　　　）。

3. 热成像技术是指利用（　　　）和（　　　）接收被测目标的红外辐射能量分布图形并反映到红外探测器的光敏元件上，从而获得热红外图像。

4. 红外热成像仪是一种成像测温装置，它是利用目标与周围环境之间由于（　　　）与（　　　）的差异所产生的热对比度不同，把红外辐射能量密度分布图显示出来，成为"热像"。

5. 制冷式热成像仪的探测器中集成了一个低温制冷器，可以给探测器降温，这是为了使（　　　）的信号低于成像信号，成像质量更好。

6. 单元探测器、线列探测器如果用于成像，则必须配备（　　　），而焦平面探测器可以实现凝视成像。

7. 电气设备发热故障分为（　　　）致热和（　　　）致热。

8. 热分辨率是衡量红外热成像仪的一个重要参数，它是指（　　　）。

9. 在检测三相接线排时，如果发现有（　　　）℃左右的热点，需要考虑人体能量对目标的反射干扰。

10. 当管道内发生堵塞时，因管道内污垢系数增大，导热系数（　　　），故管道外表面温度（　　　）正常管道温度。

二、选择题

1. 红外热成像仪的启动时间应不小于（　　）。

A. 1min　　　　B. 2min　　　　C. 3min　　　　D. 4min

2. 关于红外辐射，下面说法正确的是（　　）。

A. 红外辐射可穿透大气而没有任何衰减

B. 红外辐射可通过光亮金属反射

C. 红外辐射可透过玻璃

D. 红外辐射对人体有害

3. 被测物体温度高，其辐射红外能量的峰值波段将（　　）。

A. 往短波方向移动　　　　　　B. 往长波方向移动

C. 不动　　　　　　　　　　　D. 中心点不动，范围扩大

4. 三个人分别穿三种黑色、白色、红色的毛衣，用红外热成像仪拍摄，拍出来（　　）毛衣的温度最高。

A. 黑色　　　　B. 白色　　　　C. 红色　　　　D. 温度一样

5. 在进行红外热成像电气检查时，5m/s的风（3级）会造成的影响是（　　）。

A. 风只会给具有环境温度的参照体降温

B. 只要天气晴朗，风对检测就没有什么影响

C. 只要天气多云，风对检测就没有什么影响

D. 风会给发热组件降温，给显示真实温度带来较大的差别

6. 若红外热成像仪的精度是±2%或±2℃，则目标在50℃时红外热成像仪精准度允许的温度范围是（　　）。

A. 49~51℃　　B. 48~52℃　　C. 49~50℃　　D. 50~52℃

7. 当几个物体处于同一温度下时，各物体的红外辐射功率与吸收功率成（　　）关系。

A. 正比　　　　B. 线性　　　　C. 平方　　　　D. 反比

8. 红外热成像仪镜头上有反光涂层是为了（　　）。

A. 增加红外线透过率　　　　　B. 保护镜头

C. 防止灰尘粘在镜头上　　　　D. 防止镜头腐蚀

9. 用红外热成像仪拍摄目标的清晰度，与（　　）无关。

A. 像素　　　B. 检测距离　　　C. 目标的辐射率　　D. 镜头

10. 在红外热成像仪的菜单操作过程中，（　　）会影响到温度。

A. 等温线　　　　　　　　　　B. 最高、最低温度显示

C. 温度的自动和手动范围　　　D. 镜头选择

三、简答题

1. 如何利用简便的方法确定某物体（材料）的辐射率？

2. 红外检测对检测人员的要求是什么？

3. 红外技术应用和研究中经常用到的，在大气中红外辐射透过率相对较高的3个"大气窗口"是什么？

4. 根据哪两个条件将红外辐射源分为点源和面源？

5. 制冷器是红外传感器的主要组成部分，它主要有哪两方面的功能？

参 考 文 献

［1］陈晓军．传感器与检测技术项目式教程［M］．北京：电子工业出版社，2014.

［2］付华，许耀松，王雨虹．传感器技术及应用［M］．北京：电子工业出版社，2017.

［3］金庆发．传感器技术与应用［M］．4 版．北京：机械工业出版社，2021.

［4］刘振廷，翟维．传感器原理及应用［M］．西安：西安电子科技大学出版社，2017.

［5］费玉华．航空机载仪表系统与设备［M］．北京：北京航空航天大学出版社，2018.

［6］林坤．航空仪表与显示系统［M］．北京：北京理工大学出版社，2019.

［7］林佳炜．基于无人机红外检测的电力线路故障诊断与分析［D］．厦门：厦门理工学院，2017.

［8］李晓刚，付冬梅．红外热像检测与诊断技术［M］．北京：中国电力出版社，2006.

［9］邢素霞．非制冷红外热成像系统研究［D］．南京：南京理工大学，2005.

［10］吕明．基于多传感器协同检测的输电线路无人飞机巡检关键技术［D］．上海：上海交通大学，2012.

［11］杨启帆．基于无人机红外热成像的架空输电线视觉跟踪巡检研究［D］．兰州：兰州理工大学，2017.

［12］陈露．无人机载红外管道检测的研究与设计［D］．芜湖：安徽工程大学，2018.